时标上人工神经网络的加权伪概周期解与加权伪概自守解

赵莉莉 / 著

中国原子能出版社

图书在版编目(CIP)数据

时标上人工神经网络的加权伪概周期解与加权伪概自守解 / 赵莉莉著. --北京：中国原子能出版社，2022.12

ISBN 978-7-5221-2586-2

Ⅰ.①时… Ⅱ.①赵… Ⅲ.①人工神经网络—自守函数 Ⅳ.①TP183②O174.54

中国版本图书馆 CIP 数据核字(2022)第 244335 号

内 容 简 介

本书提出了时标上加权伪概周期函数的定义，讨论了这一类函数的一些性质，从而得到了时标上动力方程的加权伪概周期解的存在性定理，作为应用本书讨论了时标上的神经网络(包含时标上的中立型神经网络)的加权伪概周期解的存在性与全局指数稳定性，发现若时标上的神经网络满足一定的条件，当外部输入函数分别是概周期函数，伪概周期函数以及加权伪概周期函数时，神经网络分别有一个唯一的概周期解，伪概周期解与加权伪概周期解，而且该解函数还是全局指数稳定的。后本书探讨了时标上神经网络的加权伪概自守的存在性与全局指数稳定性，发现与概周期型解类似，若时标上的神经网络满足一定的条件，外部输入函数分别为概自守函数，伪概自守函数与加权伪概自守函数是时标上的神经网络相应的有一个概自守解，伪概自守解以及加权伪概自守解的充分条件。

时标上人工神经网络的加权伪概周期解与加权伪概自守解

出版发行	中国原子能出版社(北京市海淀区阜成路 43 号　100048)
责任编辑	张　琳
责任校对	冯莲凤
印　　刷	北京亚吉飞数码科技有限公司
经　　销	全国新华书店
开　　本	710 mm×1000 mm　1/16
印　　张	8.125
字　　数	134 千字
版　　次	2024 年 3 月第 1 版　2024 年 3 月第 1 次印刷
书　　号	ISBN 978-7-5221-2586-2　　定　价　82.00 元

网址：http://www.aep.com.cn　　E-mail:atomep123@126.com

发行电话:010－68452845

前　言

神经网络,尤其是人工神经网络,不仅有理论意义,还在自动化控制、模式识别、图像处理、机器人控制、医疗卫生等领域有强大的应用功能。近年来,神经网络一直是研究的热点。加权伪概周期解,以及更具有一般性、应用范围也更宽广的加权伪概自守解的存在性与稳定性,对于描述神经网络的动力学行为有着至关重要的作用。又考虑到,不管是在实际应用,还是在理论探索中,连续型神经网络与离散型神经网络一样重要,具有相同的研究价值。然而关于离散型神经网络的研究并不多见,而且分别研究这两种不同类型的神经网络又会在无形中加大研究的工作量,时标理论却能很好地解决这一问题,它不仅能将连续型神经网络与离散型神经网络有机地统一在一起,它还能涵盖混合系统。因此,本书首先将加权伪概周期函数与加权伪概自守函数的概念推广到了时标上,并建立了时标上一阶动力方程的加权伪概周期解的存在性定理,以及时标上一阶动力方程的加权伪概自守解的存在性定理。其次,用这两个定理作为理论基础,以各类具有一般形式的人工神经网络为例,在时标上探讨了神经网络,包括中立型神经网络的加权伪概周期解与加权伪概自守解的存在性与全局指数稳定性。最后,由于人工神经网络的工作准则依赖于大量的外部输入,本书在时标上详细探讨了加权伪概周期函数,与其他两类概周期型函数(概周期函数、伪概周期函数)之间的关系,也详细探讨了加权伪概自守函数,与其他两类概自守型函数(概自守函数、伪概自守函数)之间的关系,发现若时标上的神经网络满足一定的条件,外部输入函数是哪种类型的概周期型函数(概自守型函数),神经网络就存在哪种类型的概周期型解(概自守型解),而且,所得解函数还满足时标上的全局指数稳定性,即外部输入函数对时标上神经网络的概周期型现象与概自守型现象,有着至关重要的影响。书中所得每一个结论,都给出了相应的应用实例,佐证所得结论的有效性与可行性。

能顺利完成本书的写作工作，我要衷心地感谢我的导师。我从攻读硕士研究生开始就跟随导师，主要研究时标上各类神经网络的动力学性质。感谢多年来老师对我的学习给予的细致入微的指导与帮助，大到引导我找到正确的研究方向，小到修改与润色我的英文论文；感谢老师多年来对我的关心与包容。多年来，老师渊博的知识、不断创新的思维、一丝不苟的治学精神都使我受益匪浅，是老师给予我的一笔宝贵财富，它们将在今后的学习和工作中给予我不断进步的力量。

限于水平与经验，书中难免有不当之处，期望得到广大读者的批评与指正。

赵莉莉

2022 年 11 月

目　录

第1章 绪 论

由于神经网络的强大应用功能，在过去的30年中，对各类神经网络的平衡点、周期解与反周期解各类稳定性的研究掀起了一轮又一轮新的高潮，出版了大量相关的学术论文，见文献[1-15]。其中在文献[1-4]与文献[9-10]中，作者首先采用了不动点定理或重合度方法，探讨了神经网络周期解的存在性，其次使用Lyapunov函数法，讨论了周期解的全局渐进稳定性或全局指数稳定性。在文献[5-8]与[12-14]中，作者通过Lyapunov函数法，获得了神经网络平衡点渐进稳定或全局指数稳定的充分条件。在文献[11]与文献[15]中，作者使用重合度方法与微分不等式技巧，探讨了神经网络反周期解的存在性与全局指数稳定性。众所周知，相较于周期现象与反周期现象，概周期现象是频繁的，是经常发生的，而且概周期型解的存在性与稳定性对于描述动力系统的动力学行为是十分重要的。许多伪概周期现象表现出了巨大的规律性——允许复杂的多次重复的现象可以被描述为一个概周期过程加上一个遍历分支，而且，加权伪概周期现象又比伪概周期现象更具有一般性，更满足实际应用的需要，因此，有必要讨论各类常见神经网络的概周期解、伪概周期解、加权伪概周期解的存在性与稳定性。

最近，由于在自动化控制、人口动力学与符号传输等领域出现了大量的中立型时滞，中立型神经网络吸引了学者们的注意。在文献[16-18]中，通过使用Lyapunov函数法以及非线性矩阵不等式的方法，研究者们探讨了具中立型时滞神经网络的平衡点的全局渐进稳定性与全局指数稳定性。在文献[19]中，通过使用集压缩算子的抽象连续定理，学者们讨论了中立型细胞神经网络周期解的存在性与稳定性，然而，研究中立型神经网络概周期型解的存在性与稳定性的文章却不常见。

在理论研究与实际应用中，连续型系统与离散型系统一样重要，具有相同的研究价值，然而，研究离散型神经网络的文章并不多，而且分别研究这两类神经网络又会在无形中加大研究的工作量。时标理论很好地解决了这一类问题,它不仅能将连续型系统与离散型系统有机地统一起来,它还能涵盖混合系统,因此,有必要将加权伪概周期函数的概念推广到时标上。在第二章中,首先回顾了时标与概周期时标的相关概念与性质,然后提出时标上加权伪概周期函数的概念,并详细讨论了这类函数的主要性质,得出了时标上动力方程加权伪概周期解的存在性定理,以该定理作为理论基础。在第三章与第四章中,使用不动点定理与微分不等式技巧,分别讨论了时标上神经网络与中立型神经网络概周期型解的存在性与全局指数稳定性,发现与定义在实数集上的神经网络类似,若时标上的神经网络满足一定的条件,当外部输入函数分别是概周期函数、伪概周期函数、加权伪概周期函数时,神经网络分别存在唯一的概周期解、伪概周期解、加权伪概周期解,而且,该解函数还是全局指数稳定的。

每一概周期函数都是概自守函数,但并不是每一个概自守函数都是概周期函数,即概自守型函数是概周期型函数的推广,因此,在第五章中用不动点定理与微分不等式技巧,讨论了时标上神经网络的概自守型解的存在性与稳定性,同样得到这样一个结论,若时标上神经网络满足一定的条件,当外部输入函数分别是概自守函数、伪概自守函数、加权伪概自守函数时,神经网络分别存在唯一的概自守解、伪概自守解、加权伪概自守解,而且,解函数也具有全局指数稳定性。

第 2 章　时标上的加权伪概周期函数与动力方程的加权伪概周期解

2.1　引　言

虽然，已经有学者提出了时标上的概周期理论与伪概周期理论，但是，在本书之前，还没有学者在时标上探讨过动力系统的加权伪概周期解的存在性与稳定性；又考虑到神经网络，尤其是人工神经网络具有强大的应用功能，有必要在时标上探讨各类人工神经网络加权伪概周期解的存在性与稳定性，为此，需要先了解时标上概周期微分方程，以及概周期时标的相关概念与性质。

2.2　时标的相关概念与性质

本小节中介绍的时标的相关概念与性质，可以在文献[20,21]中查阅到。

实数集 $\mathbb{R}$ 的非空闭子集 $\mathbb{T}$ 称为一个时标。时标上的前跃算子、后跃算子、粗细度函数分别定义如下：

$$\sigma(t)=\inf\{s\in\mathbb{T}:s>t\}\quad \rho(t)=\sup(s\in\mathbb{T}:s<t\}\quad \mu(t)=\sigma(t)-t.$$

对于时标中的点 t，若 $\rho(t)=t$ 则称作左稠密点；若 $\rho(t)<t$ 则称作左分散点；若 $t<\sup\mathbb{T}$，且 $\sigma(t)=t$，则称作右稠密点；若 $\sigma(t)>t$，则称作右分散点。如果时标 $\mathbb{T}$ 有一个左分散的最小点 m，定义 $\mathbb{T}^k=\mathbb{T}\backslash\{m\}$，否则，定义 $\mathbb{T}^k=\mathbb{T}$；如果 $\mathbb{T}$ 有一个右分散的最小点 m，则定义 $\mathbb{T}_k=\mathbb{T}\backslash\{m\}$，否则，定

义 $\mathbb{T}_k=\mathbb{T}$.

称函数 $f:\mathbb{T}\to\mathbb{R}$ 右稠密连续，是指 f 在右稠密点连续，在左稠密点左极限存在。如果 f 在每一个右稠密点与每一个左稠密点上连续，则称 f 在时标上连续。

设 y 是一个从时标 $\mathbb{T}$ 到实数集合 $\mathbb{R}$ 上的连续函数，而 t 是 $\mathbb{T}^k$ 中的一点。定义 y 在 t 点的 Δ 导数如下：如果 $y^{\Delta}(t)$ 存在，它是一个具有如下性质的常数，对于任意的 $\varepsilon>0$，存在 t 点的领域 U，使得

$$|[y(\sigma(t))-y(s)]-y^{\Delta}(t)[\sigma(t)-s]|<\varepsilon|\sigma(t)-s|,$$

对于每一个 $s\in U$ 都成立。

时标上的连续函数一定是右稠密连续函数；如果函数 y 在 t 点 Δ 可导，则 y 在 t 点连续。

设 y 是时标上的右稠密连续函数。如果 $Y^{\Delta}(t)=y(t)$，则定义 Δ 积分，如下

$$\int_a^t y(s)\Delta s=Y(t)-Y(a).$$

称 $r:\mathbb{T}\to\mathbb{R}$ 是一个回归函数，是指 $1+\mu(t)r(t)\neq 0$ 对于所有的 $t\in\mathbb{T}^k$ 都成立。时标上全体回归的右稠密连续函数构成的集合，记为 $\Re=\Re(\mathbb{T})=\Re(\mathbb{T},\mathbb{R})$. 令

$$\Re^+(\mathbb{T},\mathbb{R})=\{r\in\Re:1+\mu(t)r(t)>0,\forall t\in\mathbb{T}\}.$$

如果 r 是一个回归函数，则一般的指数函数 e_r 定义如下：

$$\mathrm{e}_r(t,s)=\exp\left\{\int_s^t \xi_{\mu(\tau)}(r(\tau))\Delta\tau\right\},\forall s,t\in\mathbb{T},$$

其具有圆柱变换

$$\xi_h(z)=\begin{cases}\dfrac{\ln(1+hz)}{h}, & h\neq 0\\ z, & h=0\end{cases}.$$

设 $p,q:\mathbb{T}\to\mathbb{R}$ 是两个回归函数，定义

$$p\oplus q=p+q+\mu pq,\ominus p=\frac{-p}{1+\mu p},p\ominus q=p\oplus(\ominus q).$$

时标上的回归函数具有如下性质

引理 2.1[21] 如果 $p,q:\mathbb{T}\to\mathbb{R}$ 是两个回归函数，则

(1) $\mathrm{e}_0(t,s)\equiv 1$，且 $\mathrm{e}_p(t,t)\equiv 1$；

(2) $\mathrm{e}_p(t,\sigma(s))=\dfrac{\mathrm{e}_p(t,s)}{1+\mu(s)p(s)}$；

(3)$e_p(\sigma(t),s)=(1+\mu(t)p(t))e_p(t,s)$；

(4)$\dfrac{1}{e_p(t,s)}=e_{\ominus p}(t,s)$；

(5)$(e_{\ominus p}(t,s))^{\Delta}=(\ominus p)(t)e_{\ominus p}(t,s)$；

(6)如果 $a,b,c\in \mathbb{T}$，则 $\int_a^b p(t)e_p(c,\sigma(t))\Delta t=e_p(c,a)-e_p(c,b)$.

引理 2.2[21]　如果 $p\in\Re$，以及 $a,b,c\in\mathbb{T}$，则

$$[e_p(c,\cdot)]^{\Delta}=-p[e_p(c,\cdot)]^{\sigma}$$

且

$$\int_a^b p(t)e_p(c,\sigma(t))\Delta t=e_p(c,a)-e_p(c,b).$$

定义 2.1[22]　对于每一个 $x,y\in\mathbb{R}$，$[x,y)=\{t\in\mathbb{R},x\leqslant t<y\}$在集合

$$\Im_1=\{[\tilde{a},\tilde{b})\cap\mathbb{T}:\tilde{a},\tilde{b}\in\mathbb{T},\tilde{a}\leqslant\tilde{b}\}$$

上定义测度 m_1 为每一个区间$[\tilde{a},\tilde{b})\cap\mathbb{T}$ 的长度，即 $m_1([\tilde{a},\tilde{b}))=\tilde{b}-\tilde{a}$.

特别地，区间$[\tilde{a},\tilde{a})$可以理解为一个空集。对于每一个 $E\in P(\mathbb{T})$，其外测度 m_1^* 定义为

$$m_1^*(E)=\begin{cases}\inf_{\tilde{\Re}}\{\sum_{i\in I_{\tilde{\Re}}}(\tilde{b}_i-\tilde{a}_i)\},b\in\mathbb{T}\backslash E\\+\infty, \qquad\qquad b\in E\end{cases},$$

其中

$$\tilde{\Re}=\{\{[\tilde{a}_i,\tilde{b}_i)\cap\mathbb{T}\in\Im_1\}_{i\in I_{\tilde{\Re}}}:I_{\tilde{\Re}}\subset N,E\subset\bigcup_{i\in I_{\tilde{\Re}}}([a_i,b_i)\cap\mathbb{T})\}.$$

称集合 $\Lambda\subset\mathbb{T}$ 是 Δ-可测集，是指下面的等式

$$m_1^*(E)=m_1^*(E\cap\Lambda)+m_1^*(E\cap(\mathbb{T}\backslash\Lambda))$$

对于 T 的所有子集 E 都成立。

集族 $M(m_1^*)=\{\Lambda\subset\mathbb{T},\Lambda$ 是 Δ-可测集$\}$的勒贝格 Δ-测度，记为 μ_Δ，它是 m_1^* 在 $M(m_1^*)$上的限制。

定义 2.2[22]　称函数 $f:\mathbb{T}\to\bar{\mathbb{R}}\equiv[-\infty,+\infty]$是 Δ-可测函数，是指对于每一个 $\alpha\in\mathbb{R}$，集合 $f^{-1}([-\infty,\alpha))=\{t\in\mathbb{T}:f(t)<\alpha\}$是 Δ-可测集。

引理 2.3[22]　设 $\Lambda\subset\mathbb{T}$，则 Λ 是 Δ-可测集的充要条件是 Λ 勒贝格可测。

利用引理 2.3，可以得到下面的两个推论

推论 2.1　若 A 是$\mathbb{R}$的闭子集，则 $A\cap\mathbb{T}$ 是 Δ-可测集。

推论 2.2　若 $f\in C(\mathbb{T},\mathbb{R})$，则 f 是 Δ-可测集。

定理 2.1[22] 设 $E\subset \mathbb{T}$ 是一个 Δ-,$\{f_m\}$ 是一个 Δ-可测的函数列,且对于每一个 $t\in\mathbb{T}$,下面两个条件成立

(1)$0\leqslant f_m(t)\leqslant f_{m+1}(t)\leqslant\infty,\ \forall m\in\mathbb{Z}^+$;

(2) $\lim\limits_{m\to+\infty} f_m(t)=f(t)$.

则 f 是一个 Δ- 可测的函数,且 $\lim\limits_{m\to+\infty}\int_E f_m(s)\Delta s=\int_E f(s)\Delta s$.

2.3 概周期时标的相关概念与性质

在这一小节中,主要回顾概周期时标的相关概念与主要性质。

定义 2.3[23,24] 称时标 $\mathbb{T}$ 是概周期时标,是指

$$\Pi:=\{r\in\mathbb{R}:t\pm r\in\mathbb{T},\ \forall t\in\mathbb{T}\}。$$

注 2.1[25] 事实上,概周期时标是一种特殊的周期时标。设 $\mathbb{T}$ 是一个以 k 为周期的周期时标,则 $\sigma(t)\leqslant t+k,\ \forall t\in\mathbb{T}$;如若不然,存在一点 $t_0\in\mathbb{T}$,使得 $\sigma(t_0)>t_0+k$。因为 $\sigma(t_0)-k\in\mathbb{T}$,以及 $\sigma(t_0)-k>t_0$,由下确界的定义,可得 $\sigma(t_0)\leqslant\sigma(t_0)-k$,这是一个矛盾,故 $\sigma(t)\leqslant t+k$,$\forall t\in\mathbb{T}$,即 $\mu(t)\leqslant k,\ \forall t\in\mathbb{T}$。综上所述,周期时标上的粗细度函数是一个有界函数。

引理 2.4[25] 设 $\mathbb{T}$ 是一个概周期时标,而 $\tau\in\Pi$,则 $\sigma(t+\tau)=\sigma(t)+\tau,\ \forall t\in\mathbb{T}$。

引理 2.5[25] 设 $\mathbb{T}$ 是一个概周期时标,而 $\tau\in\Pi$,则 $\mu(t+\tau)=\mu(t)$,$\forall t\in\mathbb{T}$。

引理 2.6 设 $\mathbb{T}$ 是一个概周期时标,而函数 $f:\mathbb{T}\to\mathbb{R}$ 是一个右稠密连续函数,则

$$\int_a^b f(t+\tau)\Delta t=\int_{a+\tau}^{b+\tau} f(t)\Delta t.$$

其中 $a,b\in\mathbb{T},\tau\in\Pi$。

证明:设 $F(t)$是 $f(t)$的一个原函数。令 $G(t)=F(t+\tau)(\ \forall t\in\mathbb{T})$。因为 t 与 $t+\tau$ 或同时为右分散点,或同时为右稠密点,所以 $G(t)$是一个连续函数。若 t 是右分散点,则 $G(t)$在 t 点可微,且

$$G^{\Delta}(t)=\frac{G(\sigma(t))-G(t)}{\mu(t)}=\frac{F(\sigma(t)+\tau)-F(t+\tau)}{\mu(t+\tau)}$$
$$=\frac{F(\sigma(t+\tau))-F(t+\tau)}{\mu(t+\tau)}=f(t+\tau);$$

若 t 是右稠密点，因为 $F(t)$ 在 t 点可微，所以 $\lim\limits_{s\to t}\frac{F(t)-F(s)}{t-s}$ 是一个有限的常数。在这种情形下，$f(t)=F^{\Delta}(t)=\lim\limits_{s\to t}\frac{F(t)-F(s)}{t-s}$，故

$$f(t+\tau)=\lim_{s'\to t+\tau}\frac{F(t+\tau)-F(s')}{t+\tau-s'}=\lim_{s\to t}\frac{F(t+\tau)-F(s+\tau)}{(t+\tau)-(s+\tau)}$$
$$=\lim_{s\to t}\frac{G(t)-G(s)}{t-s}=G^{\Delta}(t)。$$

综上所述，$G^{\Delta}(t)=f(t+\tau)(\forall t\in\mathbb{T})$。因此

$$\int_{a+\tau}^{b+\tau}f(t)\Delta t=F(b+\tau)-F(a+\tau)=G(b)-G(a)$$
$$=\int_{a}^{b}f(t+\tau)\Delta t。$$

引理2.6是讨论时标上动力方程加权伪概周期解的理论基础，下面的例子说明引理2.6的有效性。

例2.1 考虑时标 $\mathbb{T}=\bigcup\limits_{k=-\infty}^{+\infty}[2k,2k+1]$. 容易验证 $2\in\Pi$，以及

$$\int_{0}^{2}f(t+2)\Delta t=\int_{0}^{1}f(t+2)\mathrm{d}t+\int_{1}^{\sigma(1)}f(t+2)\Delta t$$
$$=\int_{2}^{3}f(t)\mathrm{d}t+\mu(1)f(3)=\int_{2}^{3}f(t)\mathrm{d}t+f(3);$$

$$\int_{2}^{4}f(t)\Delta t=\int_{2}^{3}f(t)\mathrm{d}t+\int_{3}^{\sigma(3)}f(t)\Delta t=\int_{2}^{3}f(t)\mathrm{d}t+\mu(3)f(3)$$
$$=\int_{2}^{3}f(t)\mathrm{d}t+f(3)=\int_{0}^{2}f(t+2)\Delta t。$$

在这一小节中，用 E^n 表示 $\mathbb{R}^n$ 或 C^n，D 表示 E^n 的一个真子集，或者 $D=E^n$，S 表示 D 中任意一个紧子集。

定义2.4[24] 设 $\mathbb{T}$ 是任意的概周期时标。函数 $f\in C(\mathbb{T}\times D,E^n)$，对 $x\in D$，关于 $t\in\mathbb{T}$ 是一致概周期的，是指对于 D 中的每一个紧子集 S，以及所有的 $\varepsilon>0$，f 的 ε-移位数集

$$E(\varepsilon,f,S)=\{\tau\in\Pi:|f(t+\tau,x)-f(t,x)|<\varepsilon,\forall(t,x)\in\mathbb{T}\times S\}$$

是时标中的相对稠密集。即，对于任意给定的 $\varepsilon>0$，以及 D 中的每一个

紧子集 S，都存在常数 $l(\varepsilon,S)>0$，使得每一个以 $l(\varepsilon,S)$ 为长度的区间，都包含一点 $\tau(\varepsilon,S)\in E(f,\varepsilon,S)$，满足 $|f(t+\tau,x)-f(t,x)|<\varepsilon$，$\forall(t,x)\in \mathbb{T}\times S$。$\tau$ 称作 f 的 ε-移位数，而 $l(\varepsilon,S)$ 是 $E(f,\varepsilon,S)$ 的包含区间长度。

引理 2.7[24] 若 $f\in C(\mathbb{T}\times D,E^n)$ 对 $x\in D$，关于 $t\in \mathbb{T}$ 是一致概周期，则 f 是 $\mathbb{T}\times S$ 上有界的一致连续函数。

2.4 时标上加权伪概周期函数的定义与性质

若函数 $u:\mathbb{T}\to(0,+\infty)$ 在时标 $\mathbb{T}$ 上局部可积，且在 $\mathbb{T}$ 上几乎处处有 $u>0$，则称 u 为一个权函数。定义在时标上的，全体权函数构成的集合，用 $\mathbb{U}$ 表示。对于 $\mathbb{U}$ 中的每一个权函数 u，以及 Π 中的每一个正常数 r，本书用 Q_r 表示区间

$$[\bar{t}-r,\bar{t}+r](\bar{t}=\min\{[0,+\infty)_{\mathbb{T}}\},$$

且定义 $u(Q_r):=\int_{Q_r}u(x)\Delta x$。

如果对于每一个 $x\in \mathbb{T}$，都有 $u(x)=1$，则 $\lim\limits_{r\to\infty}u(Q_r)=\infty$. 因此，有必要定义权函数空间 $\mathbb{U}_\infty$ 为

$$\mathbb{U}_\infty:=\{u\in \mathbb{U}:\inf_{t\in\mathbb{T}}u(t)=u_0>0,\lim_{r\to\infty}u(Q_r)=\infty\}。$$

定义 2.5[26] 称 $f\in C(\mathbb{T},\mathbb{R}^n)$ 是伪概周期函数，是指 f 可以表示为 $f=g+h$，其中 $g\in AP(\mathbb{T},\mathbb{R}^n)$，而 $h\in PAP_0(\mathbb{T},\mathbb{R}^n)$。空间 $PAP_0(\mathbb{T},\mathbb{R}^n)$ 定义如下：

$$PAP_0(\mathbb{T},\mathbb{R}^n):=\{\varphi\in BC(\mathbb{T},\mathbb{R}^n):\varphi\text{ 是 }\Delta\text{- 可测函数，且 }\lim_{r\to+\infty}\frac{1}{2r}\int_{\bar{t}-r}^{\bar{t}+r}|\varphi(s)|\Delta s=0\}\text{，其中}$$

$$\bar{t}\in\mathbb{T},r\in\Pi.$$

从时标 $\mathbb{T}$ 到 $\mathbb{R}^n$ 的全体伪概周期函数构成的集合，用 $PAP(\mathbb{T},\mathbb{R}^n)$ 表示。

定义 2.6 设 $u\in \mathbb{U}_\infty$，连续函数 $f:\mathbb{T}\to\mathbb{R}^n$ 称作加权伪概周期函数，是指 f 可以表示为 $f=h+\varphi$，其中 $h\in AP(\mathbb{T},\mathbb{R}^n)$，而 $\varphi\in PAP_0(\mathbb{T},\mathbb{R}^n,u)$。空间 $PAP_0(\mathbb{T},\mathbb{R}^n,u)$ 定义如下：

$$PAP_0(\mathbb{T},\mathbb{R}^n,u):=\{\varphi\in BC(\mathbb{T},\mathbb{R}^n),\ \lim_{r\to+\infty}\frac{1}{u(Q_r)}\int_{Q_r}\|g(t)\|u(t)\Delta t=0\}.$$

从时标 T 到 $\mathbb{R}_n$，全体加权伪概周期函数构成的集合，记为 $PAP(\mathbb{T},\mathbb{R}^n,u)$。由定义 2.5，时标上伪概周期函数的分解是唯一的，但是，加权伪概周期函数的分解，并不一定是唯一的，参见例 2.2. 事实上，时标上加权伪概周期函数分解的唯一性，取决于空间 $PAP(\mathbb{T},\mathbb{R}^n,u)$的平移不变性。考虑概周期时标 $\mathbb{T}=\bigcup_{k=-\infty}^{+\infty}[2k,2k+1]$。令 $u(t)=\mathrm{e}^{|t|}$，显然$\inf_{t\in\mathbb{T}}u(t)=1>0,\Pi=2\mathbb{Z}$，且

$$\begin{aligned}
&\lim_{r\to+\infty}u(Q_r)\\
&=\lim_{k\to\infty}\int_{-2k}^{2k}\mathrm{e}^{|t|}\Delta t\\
&=\lim_{k\to\infty}\Big(\int_{-2k}^{-2k+1}\mathrm{e}^{-t}\mathrm{d}t+\int_{-2k+1}^{\sigma(-2k+1)}\mathrm{e}^{-t}\Delta t+\int_{-2k+2}^{-2k+3}\mathrm{e}^{-t}\mathrm{d}t+\int_{-2k+3}^{\sigma(-2k+3)}\mathrm{e}^{-t}\Delta t+\cdots\\
&\quad+\int_{-2}^{-1}\mathrm{e}^{-t}\mathrm{d}t+\int_{-1}^{\sigma(-1)}\mathrm{e}^{-t}\Delta t+\int_{0}^{1}\mathrm{e}^{t}\mathrm{d}t+\int_{1}^{\sigma(1)}\mathrm{e}^{t}\Delta t+\int_{2}^{3}\mathrm{e}^{t}\mathrm{d}t+\int_{3}^{\sigma(3)}\mathrm{e}^{t}\Delta t\\
&\quad+\cdots+\int_{2k-2}^{2k-1}\mathrm{e}^{t}\mathrm{d}t+\int_{2k-1}^{\sigma(2k-1)}\mathrm{e}^{t}\Delta t\Big)\\
&=\lim_{k\to\infty}(\mathrm{e}^{2k}-\mathrm{e}^{2k-1}+\mathrm{e}^{2k-1}+\mathrm{e}^{2k-2}-\mathrm{e}^{2k-3}+\mathrm{e}^{2k-3}+\cdots+\mathrm{e}^{2}-\mathrm{e}^{1}\\
&\quad+\mathrm{e}^{1}+\mathrm{e}^{1}-\mathrm{e}^{0}+\mathrm{e}^{1}+\mathrm{e}^{3}-\mathrm{e}^{2}+\mathrm{e}^{3}+\cdots+\mathrm{e}^{2k-1}-\mathrm{e}^{2k-2}+\mathrm{e}^{2k-2})\\
&=\lim_{k\to\infty}(\mathrm{e}^{2k}-1+2(\mathrm{e}^{1}+\mathrm{e}^{3}+\cdots+\mathrm{e}^{2k-1}))\\
&=\lim_{k\to\infty}(\mathrm{e}^{2k}-1)\frac{\mathrm{e}^{2}+1}{\mathrm{e}^{2}-1}=\infty,
\end{aligned}$$

即，$u\in U_\infty$。显然，$f(t)=(\sin(2\pi t),\sin(4\pi t))^{\mathrm{T}}\in AP(\mathbb{T},\mathbb{R}^2)$，对于每一个自然数 i，有

$$\begin{aligned}
\int_{-2i}^{-2i+1}|\sin(2\pi t)|\mathrm{e}^{|t|}\Delta t&=\int_{-2i}^{-2i+1}|\sin(2\pi t)|\mathrm{e}^{-t}\mathrm{d}t\\
&=\frac{[\sin(2\pi t)\mathrm{e}^{-t}+\pi\cos(2\pi t)\mathrm{e}^{-t}]}{1+\pi^2}\Big|_{-2i}^{-2i+1}=0,
\end{aligned}$$

$$\begin{aligned}
\int_{-2i}^{\sigma(-2i+1)}|\sin(2\pi t)|\mathrm{e}^{|t|}\Delta t&=\mu(-2i+1)\sin(2\pi(-2i+1))\mathrm{e}^{|-2i+1|}\\
&=0,
\end{aligned}$$

$$\int_{2i-2}^{2i-1}|\sin(2\pi t)|\mathrm{e}^{|t|}\Delta t=\int_{2i-2}^{2i-1}|\sin(2\pi t)|\mathrm{e}^{t}\mathrm{d}t$$

$$=\frac{1}{1+\pi^2}[\sin(2\pi t)\mathrm{e}^t-\pi\cos(2\pi t)\mathrm{e}^t]\Big|_{2i-2}^{2i-1}=0,$$

$$\int_{2i-1}^{\sigma(2i-1)}|\sin(2\pi t)|\mathrm{e}^{|t|}\Delta t=\mu(2i-1)|\sin(2\pi(2i-1))|\mathrm{e}^{2i-1}=0,$$

因此，$\frac{1}{u(Q_r)}\int_{Q_r}|\sin(2\pi t)|\mathrm{e}^{|t|}\Delta t=0$，同理$\frac{1}{u(Q_r)}\int_{Q_r}|\sin(4\pi t)|\mathrm{e}^{|t|}\Delta t=0$，即

$$f(t)\in AP(\mathbb{T},\mathbb{R}^2)\cap PAP_0(\mathbb{T},\mathbb{R}^2,u).$$

用文献[27]中，证明定理2.1的方法，可以证明如下的定理。

定理2.2 设$u\in U_\infty,\tau\in\Pi$。若$\lim_{|t|\to+\infty}\frac{u(t+\tau)}{u(t)}$是有限的，则$\lim_{|t|\to+\infty}\frac{u(Q_{t+\tau})}{u(Q_t)}$是有限的，且$PAP_0(\mathbb{T},\mathbb{R}^n,u)$具有平移不变性。

由定理2.2，为了确保定义在时标上的加权伪概周期函数的分解是唯一的，有必要引入新的权函数集合

$$U_\infty^{Inv}:=\left\{u\in U_\infty:\lim_{|t|\to+\infty}\frac{u(t+s)}{u(t)}<+\infty,\forall s\in\Pi\right\}.$$

由时标上的概周期函数、加权伪概周期函数定义，还可以得到如下引理。

引理2.8 设$u\in U_\infty^{Inv}$，若$f,g\in PAP(\mathbb{T},\mathbb{R},u)$，则$f+g,fg\in PAP(\mathbb{T},\mathbb{R},u)$；若$h\in AP(\mathbb{T},\mathbb{R})$，则$fh\in PAP(\mathbb{T},\mathbb{R},u)$。

定理2.3 设$u\in U_\infty^{Inv}$，若$f\in PAP(\mathbb{T},\mathbb{R}^n,u)$，则存在一个唯一的函数$g\in AP(\mathbb{T},\mathbb{R}^n)$，以及一个唯一的函数$h\in PAP_0(\mathbb{T},\mathbb{R}^n,u)$，使得$f=g+h$.

证明：若非零函数$f\in AP(\mathbb{T},\mathbb{R}^n)\cap PAP_0(\mathbb{T},\mathbb{R}^n,u)$，则可以找到时标$\mathbb{T}$中的点$t_0$，使得$f(t_0)\neq 0$，从而，存在正常数$\delta$，满足$\|f(t_0)\|>2\delta$。令

$$B_\delta:=\{\tau\in\Pi:\|f(t_0+\tau)-f(t_0)\|\leqslant\delta\}.$$

在Π中任取一个正常数τ，$\forall t\in[\bar{t}-\tau,\bar{t}+\tau]_{\mathbb{T}}$（$\bar{t}=\min\{[0,+\infty)_{\mathbb{T}}\}$），因为$f\in AP(\mathbb{T},\mathbb{R}^n)$，所以，对于$\delta>0$，存在常数$l_\delta>0$，使得存在$\tau\in[t-l_\delta,t]\cap B_\delta$，从而

$$t=\tau+(t-\tau)\in(t-\tau)+B_\delta\subset\bigcup\nolimits_{s\in\mathbb{T}}(s+B_\delta).$$

另一方面，由于$[\bar{t}-\tau,\bar{t}+\tau]_{\mathbb{T}}$是实数集$\mathbb{R}$的有界闭子集，故$[\bar{t}-\tau,\bar{t}+\tau]_{\mathbb{T}}$是实数集的紧子集，从而存在$s_1,s_2,\cdots,s_m\in\mathbb{T}$，使得

$$[\bar{t}-\tau,\bar{t}+\tau]_{\mathbb{T}}\subset\bigcup_{k=1}^{m}(s_k+B_\delta).$$

故

$$\|f(t_0+\tau)\|\geqslant\|f(t_0)\|-\|f(t_0+\tau)-f(t_0)\|\geqslant\delta,$$

对于所有的 $t\in B_\delta$ 都成立。对于任意的 $t\in[\bar{t}-\tau,\bar{t}+\tau]_{\mathbb{T}}$，都存在一个正整数 $i\in\{1,2,\cdots,m\}$，使得 $t-s_i\in B_\delta$，故 $\|f(t-s_i+t_0)\|\geqslant\delta$. 令

$$F(t)=\|f(t+t_0)\|+\|f(t+t_0-s_1)\|+\|f(t+t_0-s_2)\| +\cdots+\|f(t+t_0-s_m)\|。$$

此时容易看出，$\forall t\in[\bar{t}-\tau,\bar{t}+\tau]_{\mathbb{T}}$，总有 $F(t)\geqslant\delta$ 成立，从而

$$\frac{1}{u(Q_r)}\int_{Q_r}F(t)u(t)\Delta t\geqslant\frac{\delta}{u(Q_r)}\int_{Q_r}u(t)\Delta t=\delta。\tag{2.1}$$

考虑到 $PAP_0(\mathbb{T},\mathbb{R}^n,u)$ 具有平移不变性，以及 $f\in PAP_0(\mathbb{T},\mathbb{R}^n,u)$，有 $f(t+t_0),f(t+t_0-s_k)(k=1,2\cdots,m)\in PAP_0(\mathbb{T},\mathbb{R}^n,u)$。即

$$\lim_{r\to\infty}\frac{1}{u(Q_r)}\int_{Q_r}\|f(t+t_0)\|u(t)\Delta t=0,$$

且

$$\lim_{r\to\infty}\frac{1}{u(Q_r)}\int_{Q_r}\|f(t+t_0-s_k)\|u(t)\Delta t=0,k=1,2,\cdots,m,$$

这与式(2.1)矛盾，因此，$AP(\mathbb{T},\mathbb{R}^n)\cap PAP_0(\mathbb{T},\mathbb{R}^n,u)=\{0\}$，即

$$PAP(\mathbb{T},\mathbb{R}^n,u)=AP(\mathbb{T},\mathbb{R}^n)\oplus PAP_0(\mathbb{T},\mathbb{R}^n,u).$$

引理 2.9　设 $u\in\mathbb{U}_\infty^{Inv}$，若 $f=g+h\in PAP(\mathbb{T},\mathbb{R}^n,u)$，其中 $g\in AP(\mathbb{T},\mathbb{R}^n)$，$h\in PAP_0(\mathbb{T},\mathbb{R}^n,u)$，则 $g(\mathbb{T})\subset\overline{f(\mathbb{T})}$，且 $\|g\|_\infty\leqslant\|f\|_\infty$.

证明：若 $g(\mathbb{T})\subset\overline{f(\mathbb{T})}$ 不成立，则存在 $t_0\in\mathbb{T}$，以及 $\varepsilon_0>0$，使得

$$\inf_{s\in\mathbb{T}}\|g(t_0)-f(s)\|>\varepsilon_0.$$

因为 g 是连续函数，所以对于 $\varepsilon_0>0$，存在 $\delta>0$，使得当 $t_1\in(t_0-\delta,t_0+\delta)\cap\mathbb{T}$，有

$$\|g(t_1)-g(t_0)\|<\frac{\varepsilon_0}{2}。$$

考虑到 $g(u)$ 是时标 $\mathbb{T}$ 上的概周期函数，所以，对于 $\varepsilon_0>0$，存在 $l_{\frac{\varepsilon_0}{4}}>0$，使得每一个长度为 $l_{\frac{\varepsilon_0}{4}}$ 的区间中，都至少存在一点 τ，满足如下性质

$$\|g(t_1+\tau)-g(t_1)\|<\frac{\varepsilon_0}{4},\forall t_1\in(t_0-\delta,t_0+\delta)\cap\mathbb{T}。$$

故

$$\begin{aligned}\|h(t_1+\tau)\|&=\|f(t_1+\tau)-g(t_1+\tau)\|\\&\geqslant\|f(t_1+\tau)-g(t_1)\|-\|g(t_1)-g(t_1+\tau)\|\end{aligned}$$

$$
\begin{aligned}
&\geqslant \|f(t_1+\tau)-g(t_0)\|-\|g(t_0)-g(t_1)\| \\
&\quad -\|g(t_1)-g(t_1+\tau)\| \\
&>\frac{\varepsilon_0}{4},\forall t_1\in(t_0-\delta,t_0+\delta)\cap \mathbb{T}。
\end{aligned}
$$

即,函数 h 映有界集 $(t_0+\tau-\delta,t_0+\tau+\delta)\cap \mathbb{T}$,到无界集 $\left(-\infty,-\frac{\varepsilon_0}{4}\right]\cup\left[\frac{\varepsilon_0}{4},+\infty\right)$,这与 h 是连续函数矛盾,故 $g(\mathbb{T})\subset\overline{f(\mathbb{T})}$。如果 $\|f\|_\infty<\|g\|_\infty$,$\forall t\in\mathbb{T}$,对于 $\varepsilon_1=\frac{\|g\|_\infty-\|f\|_\infty}{2}$,$\exists t_2\in\mathbb{T}$,使得 $\|g(t)-f(t_2)\|<\varepsilon_1$,且

$$
\|g(t)\|-\frac{\|g\|_\infty-\|f\|_\infty}{2}\leqslant\|g(t)\|-\|g(t)-f(t_2)\|\leqslant\|f(t_2)\|,
$$

因此

$$
\|f\|_\infty<\frac{\|g\|_\infty-\|f\|_\infty}{2}\leqslant\|f(t_2)\|,
$$

矛盾,从而引理得证。

引理 2.10 设 $u\in \mathrm{U}_\infty^{Inv}$,若 $\{f_m\}\subset PAP(\mathbb{T},\mathbb{R}^n,u)$,使得 $\lim\limits_{m\to+\infty}\|f_m-f\|_\infty=0$,则

$$
f\in PAP(\mathbb{T},\mathbb{R}^n,u).
$$

证明:因为 $\{f_m\}\subset PAP(\mathbb{T},\mathbb{R}^n,u)$,所以,存在 $\{g_m\}\subset AP(\mathbb{T},\mathbb{R}^n)$ 以及 $\{h_m\}\subset PAP_0(\mathbb{T},\mathbb{R}^n,u)$,使得 $f_m=g_m+h_m$。由引理 2.9,$\|g_m\|_\infty\leqslant\|f_m\|_\infty$,考虑到 $g_s-g_m\in AP(\mathbb{T},\mathbb{R}^n)$,$f_s-f_m\in PAP(\mathbb{T},\mathbb{R}^n,u)$,故 $\|g_s-g_m\|_\infty\leqslant\|f_s-f_m\|_\infty$。由 $\lim\limits_{m\to+\infty}\|f_m-f\|_\infty=0$,可得 $\{f_m\}$ 是一个柯西序列,从而当 $s,m\to+\infty$ 时,有 $\|g_s-g_m\|_\infty\to0$ 成立,即 $\{g_m\}$ 也是一个柯西序列。又因为 $(AP(\mathbb{T},\mathbb{R}^n,u),\|\cdot\|_\infty)$ 是一个巴拿赫空间,所以,存在 $g\in AP(\mathbb{T},\mathbb{R}^n,u)$,使得 $\lim\limits_{m\to\infty}\|g_m-g\|_\infty=0$. 令 $h=f-g$,则 $\lim\limits_{m\to+\infty}\|h_m-h\|_\infty=0$,又因为 $(BC(\mathbb{T},\mathbb{R}^n,u),\|\cdot\|_\infty)$ 也是一个巴拿赫空间,所以 $h\in BC(\mathbb{T},\mathbb{R}^n)$。另一方面

$$
\begin{aligned}
\frac{1}{u(Q_r)}\int_{Q_r}\|h(t)\|u(t)\Delta t&=\frac{1}{u(Q_r)}\int_{Q_r}\|h(t)-h_m(t)+h_m(t)\|u(t)\Delta t \\
&\leqslant\frac{1}{u(Q_r)}\int_{Q_r}\|h(t)-h_m(t)\|u(t)\Delta t
\end{aligned}
$$

$$+\frac{1}{u(Q_r)}\int_{Q_r}\|h_m(t)\|u(t)\Delta t$$

$$\leqslant\|h_m-h\|_\infty+\frac{1}{u(Q_r)}\int_{Q_r}\|h_m(t)\|u(t)\Delta t$$

在上式中,令 $r\to+\infty$,可得

$$\lim_{r\to+\infty}\frac{1}{u(Q_r)}\int_{Q_r}\|h(t)\|u(t)\Delta t\leqslant\|h_m-h\|_\infty,$$

上式两边同时令 $m\to+\infty$,有

$$\lim_{r\to+\infty}\frac{1}{u(Q_r)}\int_{Q_r}\|h(t)\|u(t)\Delta t=0,$$

即 $h\in PAP_0(\mathrm{T},\mathbb{R}^n,u)$。引理得证。

推论 2.3　设 $u\in \mathrm{U}_\infty^{Inv}$,$(PAP(\mathrm{T},\mathbb{R}^n,u),\|\cdot\|_\infty)$是一个巴拿赫空间。

证明:由引理 2.10,$(PAP(\mathrm{T},\mathbb{R}^n,u),\|\cdot\|_\infty)$是闭集,又考虑到 $PAP(\mathrm{T},\mathbb{R}^n,u)\subset BC(\mathrm{T},\mathbb{R}^n)$,且$(BC(\mathrm{T},\mathbb{R}^n,u),\|\cdot\|_\infty)$也是一个巴拿赫空间,则$(PAP(\mathrm{T},\mathbb{R}^n,u),\|\cdot\|_\infty)$是一个巴拿赫空间。

2.5　时标上动力方程加权伪概周期解的存在性

考虑非齐次线性方程

$$x^\Delta(t)=A(t)x(t)+F(t)\tag{2.2}$$

以及它对应的齐次线性方程

$$x^\Delta(t)=A(t)x(t)\tag{2.3}$$

其中,$n\times n$ 阶矩阵函数 $A(t)$在时标 T 上连续,而向量函数 $F=(f_1,f_2,\cdots,f_n)^{\mathrm{T}}$ 的每一个分量都是定义在时标上的实值函数。矩阵函数的范数定义为$\|F\|=\sup\limits_{t\in\mathrm{T}}\|F(t)\|$. 称 $A(t)$在时标上满足概周期性,是指它的每一个元素都是时标上的概周期函数。

定义 2.7[23]　称齐次线性系统(2.3)在时标 T 上满足指数二分性,是指存在正常数 k,α 以及投影算子 P,使得系统(2.3)的基解矩阵 $X(t)$,满足

$$\|X(t)PX^{-1}(\sigma(s))\|_0\leqslant k\,e_{\Theta\alpha}(t,\sigma(s)),s,t\in\mathrm{T},t\geqslant\sigma(s),$$

$$\|X(t)(I-P)X^{-1}(\sigma(s))\|_0 \leqslant k e_{\Theta\alpha}(t,\sigma(s)), s,t\in \mathbb{T}, t\leqslant \sigma(s),$$

其中,I 是恒等算子,$\|\cdot\|_0$ 是时标 T 上的矩阵范数。

考虑如下的概周期系统

$$x^{\Delta}(t)=A(t)x(t)+f(t) \tag{2.4}$$

其中,$A(t)$是一个概周期矩阵函数,$f(t)$是一个概周期向量函数。

引理 2.11[23] 如果线性系统(2.3)在时标 T 上满足指数二分性,则系统(2.4)有一个唯一的概周期解 $x(t)$

$$x(t)=\int_{-\infty}^{t} X(t)PX^{-1}(\sigma(s))f(s)\Delta s - \int_{t}^{+\infty} X(t)(I-P)X^{-1}(\sigma(s))f(s)\Delta s \tag{2.5}$$

其中,$X(t)$是系统(2.3)的基解矩阵。

引理 2.12[24] 设 $c_i(t)$是时标 T 上的概周期函数,其中 $c_i(t)>0$,$-c_i(t)\in \Re^+$,$\forall t\in \mathbb{T}$ 且

$$\min_{1\leqslant i\leqslant n}\{\inf_{t\in \mathbb{T}} c_i(t)\}=\tilde{m}>0,$$

则线性系统

$$x^{\Delta}(t)=\operatorname{diag}(-c_1(t),-c_2(t),\cdots,-c_n(t))x(t) \tag{2.6}$$

在时标上满足指数二分性。

为了探讨时标上动力方程的加权伪概周期解的存在性,还需要如下两个引理。

引理 2.13 设 $a>0$,则

$$e_{\Theta a}(t,s)\leqslant \exp\left(\frac{-a}{1+\bar{\mu}a}(t-s)\right), \forall s\leqslant t,$$

其中,$\bar{\mu}=\sup_{t\in \mathbb{T}}\mu(t)$。

证明:若 $\mu(\tau)=0$,则

$$\xi_{\mu(\tau)}(\Theta a)=\frac{-a}{1+\mu(\tau)a}=-a\leqslant \frac{-a}{1+\bar{\mu}a};$$

若 $\mu(\tau)>0$,则

$$\xi_{\mu(\tau)}(\Theta a)=\frac{\ln(1+\mu(\tau)\Theta a)}{\mu(\tau)}=\frac{\ln\left(1-\mu(\tau)\frac{a}{1+\mu(\tau)a}\right)}{\mu(\tau)}=\frac{-\ln(1+\mu(\tau)a)}{\mu(\tau)}$$

$$\leqslant \frac{\frac{-\mu(\tau)a}{1+\mu(\tau)a}}{\mu(\tau)}=\frac{-a}{1+\mu(\tau)a}\leqslant \frac{-a}{1+\bar{\mu}a}。$$

综上所述

$$\xi_{\mu(\tau)}(\Theta a)\leqslant\frac{-a}{1+\bar{\mu}a},\forall\tau\in\mathbb{T}。$$

故

$$\begin{aligned}e_{\Theta a}(t,s)&=\exp\left(\int_s^t\xi_{\mu(\tau)}(\Theta a)\Delta\tau\right)\leqslant\exp\left(\int_s^t\frac{-a}{1+\bar{\mu}a}\Delta\tau\right)\\&=\exp\left(\frac{-a}{1+\bar{\mu}a}(t-s)\right).\end{aligned}$$

引理 2.14[24]　若 $c_1,c_2\in\Re^+$，且 $c_1(t)\leqslant c_2(t)(\forall t\in\mathbb{T})$，则 $e_{c_1}(t,s)\leqslant e_{c_2}(t,s)(\forall s\leqslant t)$.

定理 2.4　设 $u\in U_\infty^{Inv}$，若 $A(t)$ 是时标上的概周期矩阵函数，系统(2.3)在时标上满足指数二分性，且向量函数 $F(t)\in PAP_0(\mathbb{T},\mathbb{R}^n,u)$，则系统(2.2)存在唯一的有界解

$$x\in PAP_0(\mathbb{T},\mathbb{R}^n,u).$$

证明：用类似于文献[26]中，定理 5.1 的证明方法，可得

$$\begin{aligned}x(t)=&\int_{-\infty}^t X(t)PX^{-1}(\sigma(s))F(s)\Delta s\\&-\int_t^{+\infty}X(t)(I-P)X^{-1}(\sigma(s))F(s)\Delta s\end{aligned}$$

是系统(2.2)的唯一有界解。接下来证明 $x\in PAP_0(\mathbb{T},\mathbb{R}^n,u)$。令

$$\begin{aligned}I(t)=&\int_{-\infty}^t X(t)PX^{-1}(\sigma(s))F(s)\Delta s,H(t)\\=&\int_t^{+\infty}X(t)(I-P)X^{-1}(\sigma(s))F(s)\Delta s。\end{aligned}$$

使用引理 2.4、引理 2.10 以及定义 2.5，可得

$$\begin{aligned}&\lim_{r\to+\infty}\frac{1}{u(Q_r)}\int_{Q_r}\|I(t)\|u(t)\Delta(t)\\&\quad=\lim_{r\to+\infty}\frac{1}{u(Q_r)}\int_{Q_r}\int_{-\infty}^t X(t)PX^{-1}(\sigma(s))F(s)\Delta s u(t)\Delta t\\&\quad\leqslant\lim_{r\to+\infty}\frac{1}{u(Q_r)}\int_{Q_r}\left(\int_{-\infty}^t X(t)PX^{-1}(\sigma(s))\|F(s)\|\Delta s\right)u(t)\Delta t\\&\quad\leqslant\lim_{r\to+\infty}\frac{1}{u(Q_r)}\int_{Q_r}\left(\int_{-\infty}^t k e_{\Theta\alpha}(t,\sigma(s))\|F(s)\|\Delta s\right)u(t)\Delta t\\&\quad\leqslant\lim_{r\to+\infty}\frac{1}{u(Q_r)}\int_{Q_r}\left(\int_{-\infty}^t k e^{-\frac{\alpha}{1+\bar{\mu}\alpha}(t-\sigma(s))}\|F(s)\|\Delta s\right)u(t)\Delta t\end{aligned}$$

$$\leqslant \lim_{r\to+\infty}\frac{1}{u(Q_r)}\int_{Q_r}\left(\int_{-\infty}^{t} k e^{-\frac{\alpha}{1+\bar{\mu}\alpha}(t-s-\bar{k})}\|F(s)\|\Delta s\right)u(t)\Delta t$$

$$=\lim_{r\to+\infty}\frac{1}{u(Q_r)}\int_{Q_r}\left(\int_{-\bar{k}}^{+\infty} k e^{-\frac{\alpha}{1+\bar{\mu}\alpha}s}\|F(t-s-\bar{k})\|\Delta s\right)u(t)\Delta t$$

$$=\lim_{r\to+\infty}\int_{-\bar{k}}^{+\infty} k e^{-\frac{\alpha}{1+\bar{\mu}\alpha}s}\left(\frac{1}{u(Q_r)}\int_{Q_r}\|F(t-s-\bar{k})\|u(t)\Delta t\right)\Delta s,$$

其中,$\bar{k}$ 是时标 T 的周期。考虑下面的函数

$$\Gamma_r(s)=\frac{1}{u(Q_r)}\int_{Q_r}\|F(t-s-\bar{k})\|u(t)\Delta t.$$

由 F 的有界性,可得 Γ_r 的有界性。由推论 2.2,有 $\Gamma_r(s)$是 Δ-可测函数。利用定理 2.2,可得 $\lim\limits_{r\to+\infty}\Gamma_r(s)=0$. 综上所述,由定理 2.1,有

$$\lim_{r\to+\infty}\frac{1}{u(Q_r)}\int_{Q_r}\|I(t)\|u(t)\Delta t=\lim_{r\to+\infty}\int_{-\bar{k}}^{+\infty} k e^{-\frac{\alpha}{1+\bar{\mu}\alpha}}\Gamma_r(s)\Delta s$$

$$=\int_{-\bar{k}}^{+\infty}\lim_{r\to+\infty}(k e^{-\frac{\alpha}{1+\bar{\mu}\alpha}}\Gamma_r(s)\Delta s)=0 \qquad (2.7)$$

其次,考虑函数 $H(t)$.

$$\lim_{r\to+\infty}\frac{1}{u(Q_r)}\int_{Q_r}\|H(t)\|u(t)\Delta t$$

$$=\lim_{r\to+\infty}\frac{1}{u(Q_r)}\int_{Q_r}\int_{t}^{+\infty}X(t)(I-P)X^{-1}(\sigma(s))F(s)\Delta s u(t)\Delta t$$

$$\leqslant \lim_{r\to+\infty}\frac{1}{u(Q_r)}\int_{Q_r}\left(\int_{t}^{+\infty}X(t)(I-P)X^{-1}(\sigma(s))\|F(s)\|\Delta s\right)u(t)\Delta t$$

$$\leqslant \lim_{r\to+\infty}\frac{1}{u(Q_r)}\int_{Q_r}(k e_{\ominus\alpha}(\sigma(s),t)\|F(s)\|\Delta s)u(t)\Delta t$$

$$\leqslant \lim_{r\to+\infty}\frac{1}{u(Q_r)}\int_{Q_r}(k e^{-\frac{\alpha}{1+\bar{\mu}\alpha}(\sigma(s)-t)}\|F(s)\|\Delta s)u(t)\Delta t$$

$$\leqslant \lim_{r\to+\infty}\frac{1}{u(Q_r)}\int_{Q_r}(k e^{-\frac{\alpha}{1+\bar{\mu}\alpha}(s-t)}\|F(s)\|\Delta s)u(t)\Delta t$$

$$=\lim_{r\to+\infty}\frac{1}{u(Q_r)}\int_{Q_r}\left(\int_{0}^{+\infty}k e^{-\frac{\alpha}{1+\bar{\mu}\alpha}s}\|F(s+t)\|\Delta s\right)u(t)\Delta t$$

$$=\lim_{r\to+\infty}\int_{0}^{+\infty}k e^{-\frac{\alpha}{1+\bar{\mu}\alpha}s}\left(\frac{1}{u(Q_r)}\int_{Q_r}\|F(s+t)\|u(t)\Delta t\right)\Delta s.$$

令

$$T_r(s)=\frac{1}{u(Q_r)}\int_{Q_r}\|F(s+t)\|u(t)\Delta t.$$

由 F 的有界性，可得 T_r 的有界性。由推论 2.2，有 $\mathrm{T}_r(s)$ 是 Δ-可测函数，再由定理 2.2，可得 $\lim\limits_{r\to+\infty}\mathrm{T}_r(s)=0$，故，由定理 2.1 有

$$\begin{aligned}\lim_{r\to+\infty}\frac{1}{u(Q_r)}\int_{Q_r}\|H(t)\|u(t)\Delta t&=\lim_{r\to+\infty}\int_0^{+\infty}k\mathrm{e}^{-\frac{\alpha}{1+\mu\alpha}s}\mathrm{T}_r(s)\Delta s\\&=\int_0^{+\infty}\lim_{r\to+\infty}(k\mathrm{e}^{-\frac{\alpha}{1+\mu\alpha}}\mathrm{T}_r(s))\Delta s=0\end{aligned}\tag{2.8}$$

由式(2.7) 与式(2.8)，有

$$\begin{aligned}\lim_{r\to+\infty}\frac{1}{u(Q_r)}\int_{Q_r}\|x(t)\|u(t)\Delta t\leqslant&\lim_{r\to+\infty}\frac{1}{u(Q_r)}\\&\int_{Q_r}(\|I(t)\|+\|H(t)\|)u(t)\Delta t=0,\end{aligned}$$

即 $x(t)\in PAP_0(\mathrm{T},\mathbb{R}^n,u)$，从而定理得证。

定理 2.5 设 $u\in\mathrm{U}_\infty^{Inv}$，若 $A(t)$ 是时标上的概周期矩阵函数，系统(2.3)满足时标上的指数二分性，则对于每一个 $F\in PAP(\mathrm{T},\mathbb{R}^n,u)$，系统(2.2)都存在唯一的有界解 $x_F\in PAP(\mathrm{T},\mathbb{R}^n,u)$。

证明：因为 $F\in PAP(\mathrm{T},\mathbb{R}^n,u)$，所以 F 可以表示为 $F=G+H$，其中 $G\in AP(\mathrm{T},\mathbb{R}^n)$，$H\in PAP_0(\mathrm{T},\mathbb{R}^n,u)$。由定理 2.4，函数

$$\begin{aligned}x_F=&\int_{-\infty}^t X(t)PX^{-1}(\sigma(s))F(s)\Delta s\\&-\int_t^{+\infty}X(t)(I-P)X^{-1}(\sigma(s))F(s)\Delta s\\=&\int_{-\infty}^t X(t)PX^{-1}(\sigma(s))G(s)\Delta s\\&-\int_t^{+\infty}X(t)(I-P)X^{-1}(\sigma(s))G(s)\Delta s\\&+\int_{-\infty}^t X(t)PX^{-1}(\sigma(s))H(s)\Delta s\\&-\int_t^{+\infty}X(t)(I-P)X^{-1}(\sigma(s))H(s)\Delta s\\=&x_G+x_H\end{aligned}$$

是系统(2.2)唯一的有界解，其中

$$\begin{aligned}x_G:=&\int_{-\infty}^t X(t)PX^{-1}(\sigma(s))G(s)\Delta s\\&-\int_t^{+\infty}X(t)(I-P)X^{-1}(\sigma(s))G(s)\Delta s,\\x_H:=&\int_{-\infty}^t X(t)PX^{-1}(\sigma(s))H(s)\Delta s\end{aligned}$$

$$-\int_t^{+\infty} X(t)(I-P)X^{-1}(\sigma(s))H(s)\Delta s,$$

由文献[19]中的定理 4.1，$x_G \in AP(\mathbb{T},\mathbb{R}^n)$。由定理 2.4，$x_H \in PAP_0(\mathbb{T},\mathbb{R}^n,u)$。因此，$x_F \in PAP(\mathbb{T},\mathbb{R}^n,u)$，从而定理得证。

为了在第 4 章中采用不动点原理，讨论时标上各类中立型神经网络的概周期型解的存在性，需要在时标上引入一类新的变上限积分函数。

引理 2.15[20] 每一个右稠密连续函数 f 都具有原函数。特别地，若 $t_0 \in \mathbb{T}$，则

$$F(t)=\int_{t_0}^{t} f(s)\Delta s, t \in \mathbb{T}$$

是 f 的一个原函数。

引理 2.16[20] 设 $f(t)$是一个右稠密连续函数，而 $c(t)$是一个正值右稠密连续函数，且满足$-c(t)\in\Re^+$。令

$$g(t)=\int_{t_0}^{t} e_{-c}(t,\sigma(s))f(s)\Delta s,$$

其中，$t_0 \in \mathbb{T}$，则

$$g^{\Delta}(t)=f(t)+\int_{t_0}^{t} -c(t)e_{-c}(t,\sigma(s))f(s)\Delta s。$$

第 3 章　时标上神经网络的加权伪概周期解的存在性与稳定性

3.1　引　言

相较于低阶神经网络，高阶神经网络具有更强的模拟能力、更快的收敛率、更多的存储能力以及更高的纠错能力，因此，高阶神经网络更加符合实际应用的需要。作为一种反馈型神经网络，BAM 神经网络更加合理，更加符合现实客观世界，因此，在本章中，将以高阶 Hopfield 神经网络与 BAM 神经网络为例，采用压缩不动点原理，讨论时标上神经网络加权伪概周期解的存在性。由于定义在时标上的全体概周期函数（伪概周期函数）构成的集合，在赋予了上确界范数之后，构成一个巴拿赫空间，所以，同样可以使用压缩不动点原理，探讨时标上神经网络的概周期解与伪概周期解的存在性。一般来说，探讨微分系统的平衡点、周期解、反周期解以及各类概周期型解的全局渐进稳定性和全局指数稳定性，都可以使用 Lyapunov 函数法。然而，由于微分系统的多样性，以及时标上 Δ-导数的复杂性，在时标上针对每一个微分系统，都能构造出合适的 Lyapunov 函数，并不是一件容易的事，基于以上原因，在本章中，将以高阶 Hopfield 神经网络与 BAM 神经网络为例，从全局渐进稳定和全局指数稳定的定义出发，采用微分不等式技巧，讨论时标上神经网络的概周期型解的全局渐进稳定性与全局指数稳定性。考虑到实数集 $\mathbb{R}$ 本身也是一个时标，当 $\mathbb{T}=\mathbb{R}$ 时，时标上全局指数稳定的定义，应该与实数集上全局指数稳定的定义相同，然而，在现有文献中，所采用的时标上全局指数稳定的定义，当 $\mathbb{T}=\mathbb{R}$ 时，所得到的关于全局指数稳定的定义，要比实数集上全局指数稳定的定义强得多，这是不合理的。因此，在本章中，还将对时标上全局指数稳定的定义进行讨论，完善这一概念，使其更加合理，然后，采用新的时标上全局指数稳定的定义，探讨时标上神经网络的概周期型解的全局指数稳定性。本章所采用的方法具有一定的代表性，也可以用来探讨时标上，其他微分系统的概周期型解的存在性与稳定性。

3.2 时标上的高阶 Hopfield 神经网络

在这一小节中，将在时标上讨论如下具有离散时滞与分布时滞的高阶 Hopfield 神经网络。

$$\begin{aligned} x_i^{\Delta}(t) = & -c_i(t)x_i(t) + \sum_{j=1}^{n} a_{ij}(t) f_j(t-\gamma_{ij}) \\ & + \sum_{j=1}^{n}\sum_{i=1}^{n} b_{ijl}(t)\int_0^{+\infty} k_{ij}(\theta) g_j(x_j(t-\theta))\Delta\theta \\ & \int_0^{+\infty} k_{il}(\theta) g_l(x_l(t-\theta))\Delta\theta \\ & + I_i(t), i=1,2,\cdots,n, t\in(0,+\infty)\cap \mathrm{T} \end{aligned} \tag{3.1}$$

其中，T 是一个概周期时标；n 表示神经网络中神经元的个数；$x_i(t)$表示在 t 时刻，第 i 条神经元的状态；$c_i(t)$表示在 t 时刻，当断开神经网络和外部输入时，第 i 条神经元可能会出现重置，而导致静止孤立状态的比例；a_{ij}，b_{ijl}分别表示神经网络的一阶与二阶连接权重函数；$\gamma_{ij}\geqslant 0$ 表示从第 i 条神经元向第 j 条神经元传输符号过程中，所需要的时滞；k_{ij}，k_{il}是延迟核函数；$I_i(t)$表示第 i 条神经元在 t 时刻的外部输入；f_j，g_j是符号常数过程中的活动函数。对于实数集上的每一个区间 J，引入记号 $J_{\mathrm{T}}=J\cap \mathrm{T}$，$\gamma=\max\limits_{1\leqslant i\leqslant n}\{\gamma_i\}$.

3.3 时标上高阶 Hopfield 神经网络加权伪概周期解的存在性

为了探讨系统(3.1)的加权伪概周期解的存在性，首先，需要证明如下两个引理。

引理 3.1 设 $u\in U_{\infty}^{Inv}$，若 $f:\mathbb{R}\to\mathbb{R}$ 满足利普希兹条件，$\varphi\in PAP(\mathbb{T},\mathbb{R},u)$，$\tau\in\Pi$，则 $\Gamma:t\to f(\varphi(t-\tau))$ 属于 $PAP(\mathbb{T},\mathbb{R},u)$.

证明：因为 $\varphi\in PAP(\mathbb{T},\mathbb{R},u)$，所以，存在 $\varphi_1\in AP(\mathbb{T},\mathbb{R})$，$\varphi_2\in PAP_0(\mathbb{T},\mathbb{R},u)$，使得 $\varphi=\varphi_1+\varphi_2$. 从而

$$\begin{aligned}\Gamma(t)&=f(\varphi_1(t-\tau))+[f(\varphi_1(t-\tau)+\varphi_2(t-\tau))-f(\varphi_1(t-\tau))]\\&=\Gamma_1(t)+\Gamma_2(t).\end{aligned}$$

首先，证明 $\Gamma_1\in AP(\mathbb{T},\mathbb{R})$. 因为 f 满足利普希兹条件，所以，存在正常数 L，使得对于所有的 $u_1,u_2\in\mathbb{R}$，都有 $|f(u_1)-f(u_2)|\leqslant L|u_1-u_2|$ 成立。$\forall\varepsilon>0$，因为 $\varphi_1\in AP(\mathbb{T},\mathbb{R})$，所以，可以找到一个实常数 $l=l(\varepsilon)>0$，使得每一个长度为 $l(\varepsilon)$ 的区间中，都至少存在一点 $\alpha=\alpha(\varepsilon)\in\Pi$，使得 $|\varphi_1(t+\alpha)-\varphi_1(t)|<\dfrac{\varepsilon}{L}$，对于所有的 $t\in\mathbb{T}$ 都成立。从而

$$\begin{aligned}|\Gamma_1(t+\alpha)-\Gamma_1(t)|&=|f(\varphi_1(t+\alpha-\tau))-f(\varphi_1(t-\tau))|\\&\leqslant L|\varphi_1(t+\alpha-\tau)-\varphi_1(t-\tau)|<\varepsilon,\end{aligned}$$

即 $\Gamma_1\in AP(\mathbb{T},\mathbb{R})$. 其次，证明 $\Gamma_2\in PAP_0(\mathbb{T},\mathbb{R},u)$. 因为 $\varphi_2\in PAP_0(\mathbb{T},\mathbb{R},u)$，由定理 2.2，可得 $\varphi_2(t-\tau)\in PAP_0(\mathbb{T},\mathbb{R},u)$. 从而

$$\begin{aligned}\lim_{r\to+\infty}\frac{1}{u(Q_r)}\int_{Q_r}\|\Gamma_2(t)\|u(t)\Delta t&=\lim_{r\to+\infty}\frac{1}{u(Q_r)}\int_{Q_r}|f(\varphi_1(t-\tau)\\&\qquad+\varphi_2(t-\tau))-f(\varphi_1(t-\tau))|\,u(t)\Delta t\\&\leqslant\lim_{r\to+\infty}\frac{L}{u(Q_r)}\int_{Q_r}|\varphi_2(t-\tau)|\,u(t)=0,\end{aligned}$$

即 $\Gamma_2\in PAP_0(\mathbb{T},\mathbb{R},u)$，综上所述，$\Gamma\in PAP(\mathbb{T},\mathbb{R},u)$，从而命题得证。

引理 3.2 设 $u\in U_{\infty}^{Inv}$，若函数 $f:\mathbb{R}\to\mathbb{R}$ 满足利普希兹条件，$k:[0,+\infty)_{\mathbb{T}}\to\mathbb{R}$ 是右稠密连续函数，且 $0\leqslant\int_0^{+\infty}|k(s)|\Delta s\leqslant k$ ($k\in(0,+\infty)$)，$\varphi\in PAP(\mathbb{T},\mathbb{R},u)$，则

$$\Gamma:t\to\left(\int_0^{+\infty}k(s)f(\varphi(t-s))\Delta s\right)\text{ 属于 }PAP(\mathbb{T},\mathbb{R},u).$$

证明：因为 $\varphi\in PAP(\mathbb{T},\mathbb{R},u)$，所以，存在 $\varphi_1\in AP(\mathbb{T},\mathbb{R})$，$\varphi_2\in PAP_0(\mathbb{T},\mathbb{R},u)$，使得 $\varphi=\varphi_1+\varphi_2$. 从而

$$\begin{aligned}\Gamma(t)&=\int_0^{+\infty}k(s)f(\varphi_1(t-s)+\varphi_2(t-s))\Delta s\\&=\int_0^{+\infty}k(s)f(\varphi_1(t-s))\Delta s+\int_0^{+\infty}k(s)[f(\varphi_1(t-s)\\&\quad+\varphi_2(t-s))-f(\varphi_1(t-s))]\Delta s\\&=\Gamma_1(t)+\Gamma_2(t).\end{aligned}$$

首先，证明 $\Gamma_1\in AP(\mathrm{T},\mathbb{R})$. 因为 f 满足利普希兹条件，所以，存在一个正常数 L，使得 $|f(s_1)-f(s_2)|\leqslant L|s_1-s_2|$ 对于所有的 $s_1,s_2\in\mathbb{R}$ 都成立。$\forall\varepsilon>0$，因为 $\varphi_1\in AP(\mathrm{T},\mathbb{R})$，所以可以找到一个实常数 $l=l(\varepsilon)>0$，使得每一个长度为 $l(\varepsilon)$ 的区间内，都至少存在一点 $\tau=\tau(\varepsilon)\in\Pi$，满足 $|\varphi_1(s+\tau)-\varphi_1(s)|<\dfrac{\varepsilon}{Lk}$，从而

$$\begin{aligned}|\Gamma_1(t+\tau)-\Gamma_1(t)|&=\left|\int_0^{+\infty}k(s)f(\varphi_1(t+\tau-s))\Delta s\right.\\&\qquad\left.-\int_0^{+\infty}k(s)f(\varphi_1(t-s))\Delta s\right|\\&=\left|\int_0^{+\infty}k(s)[f(\varphi_1(t+\tau-s))-f(\varphi_1(t-s))]\Delta s\right|\\&=\left|\int_{-\infty}^{t}k(t-s)[f(\varphi_1(s+\tau))-f(\varphi_1(s))]\Delta s\right|\\&\leqslant\int_{-\infty}^{t}|k(t-s)|L|\varphi_1(s+\tau)-\varphi_1(s)|\Delta s\\&<kL\frac{\varepsilon}{kL}=\varepsilon,\end{aligned}$$

即 $\Gamma_1\in AP(\mathrm{T},\mathbb{R})$。其次，证明 $\Gamma_2\in PAP_0(\mathrm{T},\mathbb{R},u)$.

$$\begin{aligned}&\lim_{r\to+\infty}\frac{1}{u(Q_r)}\int_{Q_r}|\Gamma_2(t)|u(t)\Delta t\\&=\lim_{r\to+\infty}\frac{1}{u(Q_r)}\int_{Q_r}\left|\int_0^{+\infty}k(s)\Big[f(\varphi_1(t-s)+\varphi_2(t-s))\right.\\&\quad\left.-f(\varphi_1(t-s))\Big]\Delta s\right|u(t)\Delta t\\&\leqslant\lim_{r\to+\infty}\frac{L}{u(Q_r)}\int_0^{+\infty}|k(s)|\left(\int_{Q_r}|\varphi_2(t-s)|u(t)\Delta t\right)\Delta s.\end{aligned}$$

考虑下面的函数

$$\mathrm{T}_r(s)=\frac{1}{u(Q_r)}\int_{Q_r}|\varphi_2(t-s)|u(t)\Delta t.$$

由 φ_2 的有界性，可得 T_r 的有界性。利用推论 2.2，可得 $\mathrm{T}_r(s)$ 是 Δ-可

测函数。再由定理2.2,可得 $\lim\limits_{r\to+\infty}\mathrm{T}_r(s)=0$. 因此,由定理2.1,可得

$$\lim_{r\to+\infty}\frac{1}{u(Q_r)}\int_{Q_r}|\Gamma_2(t)|u(t)\Delta t\leqslant L\lim_{r\to+\infty}\int_0^{+\infty}|k(s)|\mathrm{T}_r(s)\Delta s=0,$$

即 $\Gamma_2\in PAP_0(\mathbb{T},\mathbb{R},u)$. 从而命题得证。

首先,需要引入若干记号。$x=(x_1,x_2,\cdots,x_n)^{\mathrm{T}}$ 表示 n 维欧几里德空间 $\mathbb{R}^n$ 中的一个向量,$|x|$ 表示 x 的绝对值向量,即 $|x|=(|x_1|,|x_2|,\cdots,|x_n|)^{\mathrm{T}}$. 在 $\mathbb{R}^n$ 中定义向量范数如下:

$$\|x\|=\max_{1\leqslant i\leqslant n}|x_i|.$$

定理3.1　假设如下条件

(H_1) $f_j,g_j\in C(\mathbb{R},\mathbb{R})$,且存在正常数 α_j,β_j,使得

$$|f_j(u)-f_j(v)|\leqslant\alpha_j|u-v|,|g_j(u)-g_j(v)|\leqslant\beta_j|u-v|,u,v\in\mathbb{R},$$
$$j=1,2,\cdots,n;$$

(H_2) 存在常数 $N_j>0$,使得 $|g_j(u)|\leqslant N_j,\ \forall u\in\mathbb{R},j=1,2,\cdots,n$;

(H_3) 对于 $i,j,l=1,2,\cdots,n$,时滞核函数 $k_{ij}:[0,+\infty)_{\mathbb{T}}\to\mathbb{R}$ 是右稠密连续函数,且

$$0\leqslant\int_0^{+\infty}|k_{ij}(\theta)|\Delta\theta\leqslant k_{ij}^M,c_{ij},a_{ij},b_{ijl}\in AP(\mathbb{T},\mathbb{R}),\gamma_{ij}\in\Pi;$$

(H_4) 设 $u\in\mathrm{U}_\infty^{Inv}$,$I_i\in PAP(\mathbb{T},\mathbb{R},u)(i=1,2,\cdots,n)$;

(H_5) 存在常数 r_0,使得

$$\max_{1\leqslant i\leqslant n}\left\{\frac{\eta_i}{\underline{c_i}}\right\}+L\leqslant r_0,0<\max_{1\leqslant i\leqslant n}\{\overline{\eta_i}\}<\min_{1\leqslant i\leqslant n}\{\underline{c_i}\},$$

其中

$$\eta_i=\sum_{j=1}^n\overline{a_{ij}}(|f_j(0)|+\alpha_jr_0)+\sum_{j=1}^n\sum_{l=1}^n\overline{b_{ijl}}k_{ij}^Mk_{il}^M(|g_j(0)|+\beta_jr_0)$$
$$(|g_l(0)|+\beta_lr_0),$$

$$\overline{\eta_i}=\sum_{j=1}^n\overline{a_{ij}}\alpha_j+\sum_{j=1}^n\sum_{l=1}^n\overline{b_{ijl}}k_{ij}^Mk_{il}^M(N_l\beta_j+N_j\beta_l),L=\max_{1\leqslant i\leqslant n}\left\{\frac{\overline{I_i}}{\underline{c_i}}\right\},$$

$$\overline{c_i}=\sup_{t\in\mathbb{T}}c_i(t),\underline{c_i}=\inf_{t\in\mathbb{T}}c_i(t),\overline{a_{ij}}=\sup_{t\in\mathbb{T}}|a_{ij}(t)|,$$

$$\overline{b_{ijl}}=\sup_{t\in\mathbb{T}}|b_{ijl}(t)|,\overline{I_i}=\sup_{t\in\mathbb{T}}|I_i(t)|$$

都成立,则系统(3.1)在

$$E=\{\varphi\in PAP(\mathbb{T},\mathbb{R}^n,u):\|\varphi\|_\infty\leqslant r_0\}$$

中存在唯一的加权伪概周期解。

证明:对于任意的 $\varphi=(\varphi_1,\varphi_2,\cdots,\varphi_n)^{\mathrm{T}}\in E$,考虑如下的微分方程

$$\begin{aligned}x_i^{\Delta}(t)=&-c_i(t)x_i(t)+\sum_{j=1}^{n}a_{ij}(t)f_j(\varphi_j(t-\gamma_{ij}))\\&+\sum_{j=1}^{n}\sum_{l=1}^{n}b_{ijl}(t)\int_0^{+\infty}k_{ij}(\theta)g_j(\varphi_j(t-\theta))\Delta\theta\\&\int_0^{+\infty}k_{il}(\theta)g_l(\varphi_l(t-\theta))\Delta\theta\\&+I_i(t),i=1,2,\cdots,n.\end{aligned}\tag{3.2}$$

以及它对应的齐次方程

$$x_i^{\Delta}(t)=-c_i(t)x_i(t),i=1,2,\cdots,n.\tag{3.3}$$

显然

$$X(t)=\mathrm{diag}(\mathrm{e}_{-c_1}(t,\bar{t}),\cdots,\mathrm{e}_{-c_n}(t,\bar{t}))$$

其中,$\bar{t}=\min\{[0,+\infty)_{\mathrm{T}}\}$是系统(3.3)的一个基解矩阵,而且对于任意的 $\sigma(s)\leqslant t$,有

$$\begin{aligned}\left\|X(t)X^{-1}(\sigma(s))\right\|&=\left\|\mathrm{diag}(\mathrm{e}_{-c_1}(t,\bar{t}),\cdots,\mathrm{e}_{-c_n}(t,\bar{t}))\mathrm{diag}\right.\\&\quad\left.(\mathrm{e}_{-c_1}(\bar{t},\sigma(s)),\cdots,\mathrm{e}_{-c_n}(\bar{t},\sigma(s))\right\|\\&=\left\|\mathrm{diag}(\mathrm{e}_{-c_1}(t,\sigma(s)),\cdots,\mathrm{e}_{-c_n}(t,\sigma(s))\right\|\\&=\mathrm{e}_{-c_1}(t,\sigma(s))+\cdots+\mathrm{e}_{-c_n}(t,\sigma(s)).\end{aligned}$$

容易看出

$$1+\mu(t)(\ominus c_i)(t)=1+\mu(t)\frac{-c_i(t)}{1+\mu(t)c_i(t)}=\frac{1}{1+\mu(t)c_i(t)}>0,$$
$$i=1,2,\cdots,n,$$

即 $\ominus c_i(i=1,2,\cdots,n)\in\Re^+$;另一方面

$$-c_i(t)\leqslant\frac{-c_i(t)}{1+\mu(t)c_i(t)}=(\ominus c_i)(t),\forall t\in\mathrm{T},i=1,2,\cdots,n.$$

利用引理 2.14,可得

$$\|X(t)X^{-1}(\sigma(s))\|\leqslant\mathrm{e}_{\ominus c_1}(t,\sigma(s))+\cdots+\mathrm{e}_{\ominus c_n}(t,\sigma(s))\leqslant n\mathrm{e}_{\ominus\alpha}(t,\sigma(s)),$$

其中,$\alpha=\min\{\inf\limits_{s\in\mathrm{T}}c_1(s),\cdots,\inf\limits_{s\in\mathrm{T}}c_n(s)\}$,即系统(3.3)在时标上满足指数二分性。由引理 3.1 与引理 3.2,可得

$$F(t)=(F_1(t),F_2(t),\cdots,F_n(t))^{\mathrm{T}}\in PAP(\mathrm{T},\mathbb{R}^n,u),$$

其中

$$F_i(t)=\sum_{j=1}^{n}a_{ij}(t)f_j(\varphi_j(t-\gamma_{ij}))+\sum_{j=1}^{n}\sum_{l=1}^{n}b_{ijl}(t)$$
$$\int_0^{+\infty}k_{ij}(\theta)g_j(\varphi_j(t-\theta))\Delta\theta$$
$$\times\int_0^{+\infty}k_{il}(\theta)g_l(\varphi_l(t-\theta))\Delta\theta+I_i(t).$$

利用定理2.5,系统(3.2)有一个加权伪概周期解

$$x_\varphi(t)=\int_{-\infty}^{t}X(t)X^{-1}(\sigma(s))F(s)\Delta s=(x_{\varphi 1}(t),\cdots,x_{\varphi n}(t))^{\mathrm{T}},$$

其中

$$x_{\varphi i}(t)=\int_{-\infty}^{t}\mathrm{e}_{-c_i}(t,\sigma(s))F_i(s)\Delta s,i=1,2,\cdots,n.$$

首先,在集合 E 上定义一个非线性算子如下

$$\Phi(\varphi)(t)=(x_{\varphi 1}(t),\cdots,x_{\varphi n}(t))^{\mathrm{T}},\forall\varphi\in E.$$

其次,证明 $\Phi(E)\subset E$。此时,只需证明对于任意给定的 $\varphi\in E$,有 $\|\Phi(\varphi)\|_\infty\leqslant r_0$ 成立,即可。由条件$(H_1)-(H_4)$,可得

$$\|\Phi(\varphi)\|_\infty=\max_{1\leqslant i\leqslant n}\sup_{t\in\mathbb{T}}\{|\int_{-\infty}^{t}\mathrm{e}_{-c_i}(t,\sigma(s))(\sum_{j=1}^{n}a_{ij}(s)f_j(\varphi_j(s-\gamma_{ij}))$$
$$+\sum_{j=1}^{n}\sum_{l=1}^{n}b_{ijl}(s)\int_0^{+\infty}k_{ij}(\theta)g_j(\varphi_j(s-\theta))\Delta\theta$$
$$\times\int_0^{+\infty}k_{il}(\theta)g_l(\varphi_l(s-\theta)\Delta\theta+I_i(s))\Delta s\ |\}$$
$$\leqslant\max_{1\leqslant i\leqslant n}\sup_{t\in\mathbb{T}}\{|\int_{-\infty}^{t}\mathrm{e}_{-c_i}(t,\sigma(s))(\sum_{j=1}^{n}\overline{a_{ij}}f_j(\varphi_j(s-\gamma_{ij}))$$
$$+\sum_{j=1}^{n}\sum_{l=1}^{n}\overline{b_{ijl}}\int_0^{+\infty}k_{ij}(\theta)g_j(\varphi_j(s-\theta))\Delta\theta$$
$$\times\int_0^{+\infty}k_{il}(\theta)g_l(\varphi_l(s-\theta))\Delta\theta)\Delta s\ |\}+\max_{1\leqslant i\leqslant n}\frac{\overline{I_i}}{\underline{c_i}}$$
$$\leqslant\max_{1\leqslant i\leqslant n}\sup_{t\in\mathbb{T}}\{|\int_{-\infty}^{t}\mathrm{e}_{-\underline{c_i}}(t,\sigma(s))$$
$$(\sum_{j=1}^{n}\overline{a_{ij}}(|\ f_j(0)\ |+\alpha_j\ |\ \varphi_j(s-\gamma_{ij})\ |)$$
$$+\sum_{j=1}^{n}\sum_{l=1}^{n}\overline{b_{ijl}}\int_0^{+\infty}k_{ij}(\theta)(|\ g_j(0)\ |+\beta_j\ |\ \varphi_j(s-\theta)\ |)\Delta\theta$$
$$\times\int_0^{+\infty}k_{il}(\theta)(|\ g_l(0)\ |+\beta_l\ |\ \varphi_l(s-\theta)\ |)\Delta\theta\Delta s\ |\}+L$$

$$
\begin{aligned}
&\leqslant \max_{1\leqslant i\leqslant n}\sup_{s\in\mathbb{T}}\{|\int_{-\infty}^{t} e_{-c_i}(t,\sigma(s))(\sum_{j=1}^{n}\overline{a_{ij}}(|f_j(0)|+\alpha_j r_0) \\
&\quad +\sum_{j=1}^{n}\sum_{l=1}^{n}\overline{b_{ijl}}k_{ij}^{M}k_{il}^{M}(|g_j(0)|+\beta_j r_0)(|g_l(0)|+\beta_l r_0))\Delta s|\}+L \\
&\leqslant \max_{1\leqslant i\leqslant n}\left\{\frac{\eta_i}{\underline{c_i}}\right\}+L\leqslant r_0.
\end{aligned}
$$

因此,$\Phi(E)\subset E$。

$\forall\,\varphi,\psi\in E$,再结合条件($H_1$),以及条件($H_5$),可得

$$
\begin{aligned}
&\|\Phi(\varphi)-\Phi(\psi)\|_\infty \\
&=\sup_{t\in\mathbb{T}}\max_{1\leqslant i\leqslant n}\{|\int_{-\infty}^{t} e_{-c_i}(t,\sigma(s))(\sum_{j=1}^{n}a_{ij}(s)(f_j(\varphi_j(s-\gamma_{ij}))-f_j(\psi_j(s-\gamma_{ij}))) \\
&\quad +\sum_{j=1}^{n}\sum_{l=1}^{n}b_{ijl}(s)\int_{0}^{+\infty}k_{ij}(\theta)g_j(\varphi_j(s-\theta))\Delta\theta\int_{0}^{+\infty}k_{il}(\theta)g_l(\varphi_l(s-\theta))\Delta\theta \\
&\quad -\sum_{j=1}^{n}\sum_{l=1}^{n}b_{ijl}(s)\int_{0}^{+\infty}k_{ij}(\theta)g_j(\psi_j(s-\theta))\Delta\theta\int_{0}^{+\infty}k_{il}(\theta)g_l(\psi_l(s-\theta))\Delta\theta)\Delta s|\} \\
&\leqslant \sup_{t\in\mathbb{T}}\max_{1\leqslant i\leqslant n}\{\int_{-\infty}^{t} e_{-c_i}(t,\sigma(s))(\sum_{j=1}^{n}\overline{a_{ij}}\alpha_j\,|\varphi_j(s-\gamma_{ij})-\psi_j(s-\gamma_{ij})| \\
&\quad +\sum_{j=1}^{n}\sum_{l=1}^{n}\overline{b_{ijl}}\beta_j\int_{0}^{+\infty}|k_{ij}(\theta)\|\varphi_j(s-\theta)-\psi_j(s-\theta)|\Delta\theta \\
&\quad \times\int_{0}^{+\infty}|k_{il}(\theta)\|g_l(\varphi_l(s-\theta))|\Delta\theta \\
&\quad +\sum_{j=1}^{n}\sum_{l=1}^{n}\overline{b_{ijl}}\beta_l\int_{0}^{+\infty}|k_{il}(\theta)\|\varphi_l(s-\theta)-\psi_l(s-\theta)|\Delta\theta \\
&\quad \times\int_{0}^{+\infty}|k_{ij}(\theta)\|g_j(\psi_j(s-\theta))|\Delta\theta)\Delta s\} \\
&\leqslant \sup_{t\in\mathbb{T}}\max_{1\leqslant i\leqslant n}\{\int_{-\infty}^{t} e_{-c_i}(t,\sigma(s))(\sum_{j=1}^{n}\overline{a_{ij}}\alpha_j\|\varphi-\psi\|_\infty \\
&\quad +\sum_{j=1}^{n}\sum_{l=1}^{n}\overline{b_{ijl}}k_{ij}^{M}k_{il}^{M}(\beta_j N_l+\beta_l N_j)\|\varphi-\psi\|_\infty)\Delta s\} \\
&\leqslant \frac{\max\limits_{1\leqslant i\leqslant n}\{\overline{\eta_i}\}}{\min\limits_{1\leqslant i\leqslant n}\{\underline{c_i}\}}\|\varphi-\psi\|_\infty<\|\varphi-\psi\|_\infty,
\end{aligned}
$$

上式表明,Φ 是一个从 E 到 E 的压缩映射。考虑到 E 是 $PAP(\mathbb{T},\mathbb{R}^n,u)$ 的一个闭子集,Φ 在 E 中存在唯一的不动点,即系统(3.1)在 E 中存在唯一的加权伪概周期解。

推论 3.1　若条件(H_1)—(H_3)与条件(H_5)均成立。更进一步地，$I_i(i=1,2,\cdots,n)$都是概周期函数，则系统(3.1)在

$$E=\{\varphi\in AP(\mathbb{T},\mathbb{R}^n):\|\varphi\|_\infty\leqslant r_0\}$$

中存在唯一的概周期解。

推论 3.2　若条件(H_1)—(H_3)与条件(H_5)均成立。更进一步地，$I_i(i=1,2,\cdots,n)$都是伪概周期函数，则系统(3.1)在

$$E=\{\varphi\in PAP(\mathbb{T},\mathbb{R}^n):\|\varphi\|_\infty\leqslant r_0\}$$

中存在唯一的伪概周期解。

3.4　时标上高阶 Hopfield 神经网络的加权伪概周期解的全局渐进稳定性

定义 3.1　设

$$x^*(t)=(x_1^*(t),x_2^*(t),\cdots,x_n^*(t))^{\mathrm{T}}$$

是系统(3.1)的以

$$\varphi^*(t)=(\varphi_1^*(t),\varphi_2^*(t),\cdots,\varphi_n^*(t))^{\mathrm{T}}$$

为初值的加权伪概周期解。如果对于任意给定的 $\varepsilon>0$，$\exists\delta(\varepsilon)>0$，使得系统(3.1)的任意一个以 $\varphi(t)=(\varphi_1(t),\varphi_2(t),\cdots,\varphi_n(t))^{\mathrm{T}}$ 为初值的解函数 $x(t)=(x_1(t),x_2(t),\cdots,x_n(t))^{\mathrm{T}}$，满足

每当

$$\|\varphi(t)-\varphi^*(t)\|<\delta,\ \forall t\in(-\infty,0]_{\mathbb{T}}$$

时，对于所有的 $t\in(0,+\infty)_{\mathbb{T}}$，总有

$$\|x(t)-x^*(t)\|<\varepsilon$$

成立。

定理 3.2　设条件(H_1)—(H_5)成立，而 $x^*(t)$是系统(3.1)在集合 $E=\{\varphi\in PAP(\mathbb{T},\mathbb{R}^n,u):\|\varphi\|_\infty\leqslant r_0\}$中的唯一加权伪概周期解。进一步地假设

(H_6) $\min\limits_{1\leqslant i\leqslant n}\zeta_i > \sup\limits_{t\in\mathbb{T}}\mu(t)$，其中

$$\zeta_i=\frac{2}{(\overline{c_i}+\overline{\eta_i})^2}\Big[\overline{c_i}-\sum_{j=1}^{n}\overline{a_{ij}}\alpha_j-\sum_{j=1}^{n}\sum_{l=1}^{n}\overline{b_{ijl}}k_{ij}^{M}k_{il}^{M}(N_l\beta_j+N_j\beta_l)\Big],$$

$$i=1,2,\cdots,n.$$

则系统(3.1)的所有解都一致渐进收敛到系统唯一的加权伪概周期解。

证明：由定理3.1，系统(3.1)存在唯一的加权伪概周期解

$$x^*(t)=(x_1^*(t),x_2^*(t),\cdots,x_n^*(t))^{\mathrm{T}}$$

假设

$$x(t)=(x_1(t),x_2(t),\cdots,x_n(t))^{\mathrm{T}}$$

是系统(3.1)的任意一个解。由系统(3.1)，直接可得

$$\begin{aligned}(x_i(t)-x_i^*(t))^{\Delta}=&-c_i(t)(x_i(t)-x_i^*(t))\\&+\sum_{j=1}^{n}a_{ij}(t)[f_j(x_j(t-\gamma_{ij}))-f_j(x_j^*(t-\gamma_{ij}))]\\&+\sum_{j=1}^{n}\sum_{l=1}^{n}b_{ijl}(t)\int_0^{+\infty}k_{ij}(\theta)[g_j(x_j(t-\theta))\\&-g_j(x_j^*(t-\theta))]\Delta\theta\\&\times\int_0^{+\infty}k_{il}(\theta)g_l(x_l(t-\theta))\Delta\theta\\&+\sum_{j=1}^{n}\sum_{l=1}^{n}b_{ijl}(t)\int_0^{+\infty}k_{il}(\theta)[g_l(x_l(t-\theta))\\&-g_l(x_l^*(t-\theta))]\Delta\theta\\&\times\int_0^{+\infty}k_{ij}(\theta)g_j(x_j(t-\theta))\Delta\theta,\end{aligned}\tag{3.4}$$

其中，$i=1,2,\cdots,n$. 系统(3.4)的初值条件为

$$\psi_i(s)=\varphi_i(s)-x_i^*(s),s\in(-\infty,0]_{\mathrm{T}},i=1,2,\cdots,n.$$

引入如下的变量代换

$$y_i(t)=x_i(t)-x_i^*(t).$$

对于任意的 $k>1$，以及 $i\in\{1,2,\cdots,n\}$，有下式成立

$$|y_i(t)|<k\sup_{s\in(-\infty,0]_{\mathrm{T}}}\max_{1\leqslant i\leqslant n}|\psi_i(s)|=kM,t\in(-\infty,0]_{\mathrm{T}},$$

如果上式不成立，则 $\exists\, i_0\in\{1,2,\cdots,n\}$ 以及 $t_0\in(0,+\infty)_{\mathrm{T}}$，使得 $|y_{i_0}(t_0)|=kM$，$(y_{i_0}^2(t_0))^{\Delta}(t_0)\geqslant 0$（$|y_i(t)|$ 是递增的，同样意味着 $y_i^2(t)$ 也是递增的），以及当 $t\in(-\infty,t_0]_{\mathrm{T}}$，$i\in\{1,2,\cdots,n\}$ 时，有 $|y_{i_0}(t)|\leqslant kM$ 成立。而且由式(3.4)，还可得到

$$
\begin{aligned}
[y_{i_0}^2(t_0)]^{\Delta} &= 2y_{i_0}(t_0)y_{i_0}^{\Delta}(t_0)+\mu(t_0)[y_{i_0}^{\Delta}(t_0)]^2 \\
&\leqslant [-2\overline{c_i}+2\sum_{j=1}^{n}\overline{a_{ij}}\alpha_j+2\sum_{j=1}^{n}\sum_{l=1}^{n}\overline{b_{ijl}}k_{ij}^{M}k_{il}^{M}(\beta_jN_l+\beta_lN_j)]k^2M^2 \\
&\quad +\mu(t_0)[\overline{c_i}+\sum_{j=1}^{n}\overline{a_{ij}}\alpha_j+\sum_{j=1}^{n}\sum_{l=1}^{n}\overline{b_{ijl}}k_{ij}^{M}k_{il}^{M}(\beta_jN_l+\beta_lN_j)]^2k^2M^2 \\
&= -[\overline{c_i}+\sum_{j=1}^{n}\overline{a_{ij}}\alpha_j+\sum_{j=1}^{n}\sum_{l=1}^{n}\overline{b_{ijl}}k_{ij}^{M}k_{il}^{M}(\beta_jN_l+N_j\beta_l)]^2\times \\
&\quad \Big\{\frac{1}{[\overline{c_i}+\overline{\eta_i}]^2}\Big[2\overline{c_i}-2\sum_{j=1}^{n}\overline{a_{ij}}\alpha_j-2\sum_{j=1}^{n}\sum_{l=1}^{n}\overline{b_{ijl}}k_{ij}^{M}k_{il}^{M}(\beta_jN_l+\beta_lN_j)\Big] \\
&\quad -\mu(t_0)\Big\}k^2M^2 \\
&= -\Big[\overline{c_i}+\sum_{j=1}^{n}\overline{a_{ij}}\alpha_j+\sum_{j=1}^{n}\sum_{l=1}^{n}\overline{b_{ijl}}k_{ij}^{M}k_{il}^{M}(\beta_jN_l+\beta_lN_j)\Big]^2 \\
&\quad (\zeta_j-\mu(t_0))k^2M^2<0,
\end{aligned}
$$

这是一个矛盾。所以，对于任意的 $\varepsilon>0$，存在 $\delta=\dfrac{\varepsilon}{k}$，使得每当

$$\|\varphi(t)-x^*(t)\|=\|\psi(t)\|<\delta,t\in(-\infty,0]_{\mathrm{T}}$$

时，对于所有的 $t\in(0,+\infty)_{\mathrm{T}}$，总有

$$\|x(t)-x^*(t)\|<\varepsilon$$

成立，由定义 3.1，命题得证。

由于全局指数稳定性是收敛速度最快的稳定性，所以，在后面的内容中有必要讨论时标上各类神经网络的概周期型解的全局指数稳定性，为此，需要先就时标上全局指数稳定的概念进行讨论。

3.5　关于时标上全局指数稳定性的讨论

许多文献都曾讨论过时标上各类微分系统的平衡点、周期解、反周期解，以及概周期型解的全局指数稳定性，见文献[4,11,15]。若用这些文献中所采用的定义时标上微分系统的各类解函数的全局指数稳定性的方法，定义系统(3.1)的加权伪概周期解的全局指数稳定性，其定义如下。

定义 3.2　系统(3.1)的加权伪概周期解 $x^*(t)=(x_1^*(t),x_2^*(t),\cdots,x_n^*(t))^{\mathrm{T}}$ 称作全局指数稳定，是指存在一个正常数 λ，使得对于每一个 δ

$\in(-\infty,0]_{\mathbb{T}}$，都存在常数 $N=N(\delta)\geqslant 1$，使得系统(3.1)的每一个解 $x(t)=(x_1(t),x_2(t),\cdots,x_n(t))^{\mathrm{T}}$ 都满足

$$|x_i(t)-x_i^*(t)|\leqslant N\|\varphi-\varphi^*\|_\infty \mathrm{e}_{\ominus\lambda}(t,\delta),t\in(0,+\infty)_{\mathbb{T}},$$

其中，$\|\varphi-\varphi^*\|_\infty=\max\limits_{1\leqslant i\leqslant n}\sup\limits_{\delta\in(-\infty,0]_{\mathbb{T}}}|\varphi_i(\delta)-\varphi_i^*(\delta)|$.

实数集本身也是一个时标，当 $\mathbb{T}=\mathbb{R}$ 时，定义 3.2 退化为以下定义。

定义 3.3 系统(3.1)的加权伪概周期解 $x^*(t)=(x_1^*(t),x_2^*(t),\cdots,x_n^*(t))^{\mathrm{T}}$ 称作全局指数稳定，是指存在一个正常数 λ，使得对于每一个 $\delta\in(-\infty,0]$，都存在常数 $N=N(\delta)\geqslant 1$，使得系统(3.1)的每一个解 $x(t)=(x_1(t),x_2(t),\cdots,x_n(t))^{\mathrm{T}}$ 都满足

$$|x_i(t)-x_i^*(t)|\leqslant N\|\varphi-\varphi^*\|_\infty \mathrm{e}^{-\lambda(t-\delta)},t\in(0,+\infty),$$

其中 $\|\varphi-\varphi^*\|_\infty=\max\limits_{1\leqslant i\leqslant n}\sup\limits_{\delta\in(-\infty,0]}|\varphi_i(\delta)-\varphi_i^*(\delta)|$.

而实数集上全局指数稳定的定义，见文献[28-53]，其定义如下。

定义 3.4 系统(3.1)的加权伪概周期解 $x^*(t)=(x_1^*(t),x_2^*(t),\cdots,x_n^*(t))^{\mathrm{T}}$ 称作全局指数稳定，是指存在正常数 λ 以及常数 $N\geqslant 1$，使得系统(3.1)的每一个解 $x(t)=(x_1(t),x_2(t),\cdots,x_n(t))^{\mathrm{T}}$ 都满足

$$|x_i(t)-x_i^*(t)|\leqslant N\|\varphi-\varphi^*\|_\infty \mathrm{e}^{-\lambda t},t\in(0,+\infty),$$

其中

$$\|\varphi-\varphi^*\|_\infty=\max_{1\leqslant i\leqslant n}\sup_{\delta\in(-\infty,0]}|\varphi_i(\delta)-\varphi_i^*(\delta)|.$$

显然，对于每一个 $\delta\in(-\infty,0]$，都有 $\mathrm{e}^{-\lambda(t-\delta)}\leqslant\mathrm{e}^{-\lambda t}$ 成立，即定义 3.3 比定义 3.4 强得多，这是不合理的，为此，尝试着修改定义 3.2 如下。

定义 3.5 系统(3.1)的加权伪概周期解 $x^*(t)=(x_1^*(t),x_2^*(t),\cdots,x_n^*(t))^{\mathrm{T}}$ 称作全局指数稳定，是指存在正常数 λ 以及常数 $N\geqslant 1$，使得系统(3.1)的每一个解 $x(t)=(x_1(t),x_2(t),\cdots,x_n(t))^{\mathrm{T}}$ 都满足

$$|x_i(t)-x_i^*(t)|\leqslant N\|\varphi-\varphi^*\|_\infty e_{\ominus\lambda}(t,t_0),t\in(0,+\infty)_{\mathbb{T}},$$

其中

$$\|\varphi-\varphi^*\|_\infty=\max_{1\leqslant i\leqslant n}\sup_{\delta\in(-\infty,0]_{\mathbb{T}}}|\varphi_i(\delta)-\varphi_i^*(\delta)|,t_0=\max\{(-\infty,0]_\infty\}.$$

接下来，根据定义 3.5，讨论系统(3.1)的加权伪概周期解的全局指数稳定性。当然，也可以根据定义 3.5，讨论时标上其他微分系统的各类解函数的全局指数稳定性。

3.6 时标上高阶 Hopfield 神经网络加权伪概周期解的全局指数稳定性

定理 3.3 若条件(H_1)—(H_5)成立,则系统(3.1)存在唯一的、满足全局指数稳定性的加权伪概周期解。

证明:根据定理 3.1,系统(3.1)存在加权伪概周期解

$$x^*(t)=(x_1^*(t),x_2^*(t),\cdots,x_n^*(t))^{\mathrm{T}}.$$

假设

$$x(t)=(x_1(t),x_2(t),\cdots,x_n(t))^{\mathrm{T}}$$

是系统(3.1)的任意一个解。则由系统(3.1),直接可得

$$\begin{aligned}
y_i^{\Delta}(s)+c_i(s)y_i(s)= & \sum_{j=1}^{n}a_{ij}(s)[f_j(y_j(s-\gamma_{ij})+x_j^*(s-\gamma_{ij})) \\
& -f_j(x_j^*(s-\gamma_{ij}))] \\
& +\sum_{j=1}^{n}\sum_{l=1}^{n}b_{ijl}(s)\int_0^{+\infty}k_{ij}(\theta)[g_j(y_j(s-\theta)+x_j^*(s-\theta)) \\
& -g_j(x_j^*(s-\theta))]\Delta\theta \\
& \times\int_0^{+\infty}k_{il}(\theta)g_l(y_l(s-\theta)+x_l^*(s-\theta))\Delta\theta \\
& +\sum_{j=1}^{n}\sum_{l=1}^{n}b_{ijl}(s)\int_0^{+\infty}k_{il}(\theta)[g_l(y_l(s-\theta)+x_l^*(s-\theta)) \\
& -g_l(x_l^*(s-\theta))]\Delta\theta \\
& \times\int_0^{+\infty}k_{ij}(\theta)g_j(y_j(s-\theta)+x_j^*(s-\theta))\Delta\theta
\end{aligned}\tag{3.5}$$

其中,$y_i(s)=x_i(s)-x_i^*(s)$。系统(3.5)的初值条件如下

$$\psi_i(s)=\varphi_i(s)-x_i^*(s),s\in(-\infty,0]_{\mathrm{T}},i=1,2,\cdots,n.$$

定义函数 H_i 如下

$$\begin{aligned}
H_i(\upsilon)=&\underline{c_i}-\upsilon-\sum_{j=1}^{n}\overline{a_{ij}}\alpha_j\exp(\upsilon(\gamma+\sup_{t\in\mathrm{T}}\mu(t))) \\
&-\sum_{j=1}^{n}\sum_{l=1}^{n}\overline{b_{ijl}}[k_{il}^{M}\beta_jN_l\int_0^{+\infty}|k_{ij}(\theta)|\exp(\upsilon(\theta+\sup_{t\in\mathrm{T}}\mu(t)))\Delta\theta
\end{aligned}$$

$$+k_{ij}^M\beta_l N_j\int_0^{+\infty}|k_{il}(\theta)|\exp(\upsilon(\theta+\sup_{t\in\mathbb{T}}\mu(t)))\Delta\theta],$$

其中，$i=1,2,\cdots,n,\upsilon\in[0,+\infty)$。由条件($H_4$)，可得

$$\begin{aligned}H_i(0)&=\underline{c_i}-\sum_{j=1}^{n}\overline{a_{ij}}\alpha_j-\sum_{j=1}^{n}\sum_{l=1}^{n}\overline{b_{ijl}}[k_{il}^M\beta_j N_l\int_0^{+\infty}|k_{ij}(\theta)|\Delta\theta\\&\quad+k_{ij}^M\beta_l N_j\int_0^{+\infty}|k_{il}(\theta)|\Delta\theta]\\&=\underline{c_i}-\sum_{j=1}^{n}\overline{a_{ij}}\alpha_j-\sum_{j=1}^{n}\sum_{l=1}^{n}\overline{b_{ijl}}k_{ij}^M k_{il}^M(\beta_j N_l+\beta_l N_j)\\&=\underline{c_i}-\overline{\eta_i}>0,i=1,2,\cdots,n.\end{aligned}$$

因为 H_i 都是区间$[0,+\infty)$上的连续函数，且当 $\upsilon\to+\infty$ 时，有 $H_i(\upsilon)\to-\infty$ 成立，则存在 $\upsilon_i>0$，使得 $H_i(\upsilon_i)=0$；且当 $\upsilon\in(0,\upsilon_i)$时，$H_i(\upsilon)>0$ 成立。若取 $\tau=\min\{\upsilon_1,\upsilon_2,\cdots,\upsilon_n\}$，则可得 $H_i(\tau)\geqslant 0,i=1,2,\cdots,n$。所以，可以选择一个正常数 $0<\lambda<\min\{\tau,\min_{1\leqslant i\leqslant n}\{\underline{c_i}\}\}$，使得 $H_i(\lambda)>0,i=1,2,\cdots,n$. 即

$$\begin{aligned}&\frac{\exp(\lambda\sup_{t\in\mathbb{T}}\mu(t))}{\underline{c_i}-\lambda}\{\sum_{j=1}^{n}\overline{a_{ij}}\alpha_j\exp(\lambda\gamma)+\sum_{j=1}^{n}\sum_{l=1}^{n}\overline{b_{ijl}}\\&\qquad[k_{il}^M\beta_j N_l\int_0^{+\infty}|k_{ij}(\theta)|\exp(\lambda\theta)\Delta\theta\\&\qquad+k_{ij}^M\beta_l N_j\int_0^{+\infty}|k_{il}(\theta)|\exp(\lambda\theta)\Delta\theta]\}<1\end{aligned}\tag{3.6}$$

令

$$M=\max_{1\leqslant i\leqslant n}\left\{\frac{\underline{c_i}}{\sum_{j=1}^{n}\overline{a_{ij}}\alpha_j+\sum_{j=1}^{n}\sum_{l=1}^{n}\overline{b_{ijl}}k_{ij}^M k_{il}^M(\beta_j N_l+\beta_l N_j)}\right\},$$

则由条件(H_4)，可得 $M>1$. 因此

$$\begin{aligned}&\frac{1}{M}-\frac{\exp(\lambda\sup_{t\in\mathbb{T}}\mu(t))}{\underline{c_i}-\lambda}\{\sum_{j=1}^{n}\overline{a_{ij}}\alpha_j\exp(\lambda\gamma)+\sum_{j=1}^{n}\sum_{l=1}^{n}\overline{b_{ijl}}[k_{il}^M\beta_j N_l\\&\quad\times\int_0^{+\infty}|k_{ij}(\theta)|\exp(\lambda\theta)\Delta\theta+k_{ij}^M\beta_l N_j\int_0^{+\infty}|k_{il}(\theta)|\exp(\lambda\theta)\Delta\theta]\}\leqslant 0.\end{aligned}$$

式(3.5)两边同时乘以 $e_{-c_i}(t_0,\sigma(s))(t_0=\max\{(-\infty,0]_{\mathbb{T}}\})$之后，利用引理 2.2，从 t_0 积分到 t 后，可得

$$
\begin{aligned}
y_i(t)=&y_i(t_0)e_{-c_i}(t,t_0)+\int_{t_0}^{t}e_{-c_i}(t,\sigma(s))\{\sum_{j=1}^{n}a_{ij}(s)[f_j(y_j(s-\gamma_{ij})+\\
&x_j^*(t-\gamma_{ij}))-f_j(x_j^*(t-\gamma_{ij}))]\\
&+\sum_{j=1}^{n}\sum_{l=1}^{n}b_{ijl}(s)\int_0^{+\infty}k_{ij}(\theta)[g_j(y_j(s-\theta)+x_j^*(s-\theta))\\
&-g_j(x_j^*(s-\theta))]\Delta\theta\\
&\times\int_0^{+\infty}k_{il}(\theta)g_l(y_l(s-\theta)+x_l^*(s-\theta))\Delta\theta\\
&+\sum_{j=1}^{n}\sum_{l=1}^{n}b_{ijl}(s)\int_0^{+\infty}k_{il}(\theta)[g_l(y_l(s-\theta)+x_l^*(s-\theta))\\
&-g_l(x_l^*(s-\theta))]\Delta\theta\times\int_0^{+\infty}k_{ij}(\theta)g_j(x_j^*(s-\theta))\Delta\theta\}\Delta s,\\
&i=1,2,\cdots,n. \qquad (3.7)
\end{aligned}
$$

此时，易有

$$\|y(t)\|=\|\psi(t)\|\leqslant\|\psi\|_\infty\leqslant Me_{\Theta\lambda}(t,t_0)\|\psi\|_\infty,\ \forall t\in(-\infty,0]_{\mathrm{T}},$$

其中，$\lambda\in\Re^+$. 可以断言

$$\|y(t)\|\leqslant Me_{\Theta\lambda}(t,t_0)\|\psi\|_\infty,\ \forall t\in(0,+\infty)_{\mathrm{T}} \qquad (3.8)$$

如果式(3.8)不成立，则存在 $t_1\in(0,+\infty)_{\mathrm{T}}$，$i\in\{1,2,\cdots,n\}$，以及常数 $p>1$，使得

$$\|y(t_1)\|=|y_i(t_1)|=pMe_{\Theta\lambda}(t_1,t_0)\|\psi\|_\infty, \qquad (3.9)$$

且

$$\|y(t)\|\leqslant pMe_{\Theta\lambda}(t,t_0)\|\psi\|_\infty,\ \forall t\in(-\infty,t_1]_{\mathrm{T}} \qquad (3.10)$$

由式(3.7)～式(3.10)，以及条件$(H_2)-(H_4)$，可得

$$
\begin{aligned}
|y_i(t_1)|\leqslant&e_{-c_i}(t_1,t_0)\|\psi\|_\infty+\int_{t_0}^{t_1}pM\|\psi\|_\infty e_{-c_i}(t_1,\sigma(s))e_{\Theta\lambda}\\
&(t_1,t_0)e_\lambda(t_1,\sigma(s))\\
&\times(\sum_{j=1}^{n}\overline{a_{ij}}\alpha_j e_\lambda(\sigma(s),s-\gamma_{ij})\\
&+\sum_{j=1}^{n}\sum_{l=1}^{n}\overline{b_{ijl}}[k_{il}^M\beta_jN_l\int_0^{+\infty}|k_{ij}(\theta)e_\lambda(\sigma(s),s-\theta)\Delta\theta\\
&+k_{ij}^M\beta_lN_j\int_0^{+\infty}|k_{il}(\theta)|e_\lambda(\sigma(s),s-\theta)\Delta\theta])\Delta s\\
\leqslant&pMe_{\Theta\lambda}(t_1,t_0)\|\psi\|_\infty\{\frac{1}{pM}e_{-c_i}(t_1,t_0)e_{\Theta\lambda}(t_0,t_1)\\
&+\int_{t_0}^{t_1}e_{-c_i}(t_1,\sigma(s))e_\lambda(t_1,\sigma(s))(\sum_{j=1}^{n}\overline{a_{ij}}\alpha_j\exp(\lambda(\gamma+\sup_{s\in\mathrm{T}}\mu(s)))
\end{aligned}
$$

$$+\sum_{j=1}^{n}\sum_{l=1}^{n}\overline{b_{ijl}}[k_{il}^{M}\beta_j N_l\int_0^{+\infty}|k_{ij}(\theta)|\exp(\lambda(\theta+\sup_{s\in\mathbb{T}}\mu(s)))\Delta\theta$$

$$+k_{ij}^{M}\beta_l N_j\int_0^{+\infty}|k_{il}(\theta)|\exp(\lambda(\theta+\sup_{s\in\mathbb{T}}\mu(s)))\Delta\theta])\}$$

$$<pMe_{\ominus\lambda}(t_1,t_0)\|\psi\|_\infty\{\frac{1}{M}e_{-c_i\oplus\lambda}(t_1,t_0)+\exp(\lambda\sup_{s\in\mathbb{T}}\mu(s))$$

$$(\sum_{j=1}^{n}\overline{a_{ij}}\alpha_j\exp(\lambda\gamma)$$

$$+\sum_{j=1}^{n}\sum_{l=1}^{n}\overline{b_{ijl}}[k_{il}^{M}\beta_j N_l\int_0^{+\infty}|k_{ij}(\theta)|\exp(\lambda\theta)\Delta\theta$$

$$+k_{ij}^{M}\beta_l N_j\int_0^{+\infty}|k_{il}(\theta)|\exp(\lambda\theta)\Delta\theta])\int_{t_0}^{t_1}e_{-c_i\oplus\lambda}(t_1,\sigma(s))\Delta s\}$$

$$\leqslant pMe_{\ominus\lambda}(t_1,t_0)\|\psi\|_\infty\{[\frac{1}{M}-\frac{\exp(\lambda\sup_{s\in\mathbb{T}}\mu(s))}{\overline{c_i}-\lambda}$$

$$(\sum_{j=1}^{n}\overline{a_{ij}}\alpha_j\exp(\lambda\gamma)$$

$$+\sum_{j=1}^{n}\sum_{l=1}^{n}\overline{b_{ijl}}[k_{il}^{M}\beta_j N_l\int_0^{+\infty}|k_{ij}(\theta)|\exp(\lambda\theta)\Delta\theta$$

$$+k_{ij}^{M}\beta_l N_j\int_0^{+\infty}|k_{il}(\theta)|\exp(\lambda\theta)\Delta\theta])]e_{-c_i\oplus\lambda}(t_1,t_0)$$

$$+\frac{\exp(\lambda\sup_{s\in\mathbb{T}}\mu(s))}{\overline{c_i}-\lambda}(\sum_{j=1}^{n}\overline{a_{ij}}\alpha_j\exp(\lambda\gamma)$$

$$+\sum_{j=1}^{n}\sum_{l=1}^{n}\overline{b_{ijl}}[k_{il}^{M}\beta_j N_l\int_0^{+\infty}|k_{ij}(\theta)|\exp(\lambda\theta)\Delta\theta$$

$$+k_{ij}^{M}\beta_l N_j\int_0^{+\infty}|k_{il}(\theta)|\exp(\lambda\theta)\Delta\theta])\}$$

$$<pMe_{\ominus\lambda}(t_1,t_0)\|\psi\|_\infty.$$

上式与式(3.9)矛盾，故式(3.8)成立，即系统(3.1)的加权伪概周期解在时标上具有全局指数稳定性。

推论 3.3 假设条件(H_1)－(H_3)以及条件(H_5)成立。进一步假设 $I_i(i=1,2,\cdots,n)$ 都是时标上的概周期函数，则系统(3.1)存在唯一的概周期解，且解函数在时标上满足全局指数稳定性。

推论 3.4 假设条件(H_1)－(H_3)以及条件(H_5)成立。进一步假设 $I_i(i=1,2,\cdots,n)$ 都是时标上的伪概周期函数，则系统(3.1)存在唯一的概周期解，且解函数在时标上满足全局指数稳定性。

3.7 数值例子

考虑如下的神经网络

$$
\begin{aligned}
x_i^{\Delta}(t) = & -c_i(t)x_i(t) + \sum_{j=1}^{n} a_{ij}(t) f_j(t-\gamma_{ij}) \\
& + \sum_{j=1}^{n}\sum_{l=1}^{n} b_{ijl}(t) \int_0^{+\infty} k_{ij}(\theta) g_j(x_j(t-\theta))\Delta\theta \int_0^{+\infty} k_{il}(\theta) \\
& g_l(x_l(t-\theta))\Delta\theta \\
& + I_i(t), i=1,2, t\in(0,+\infty)_{\mathbb{T}} \qquad (3.11)
\end{aligned}
$$

其中，权函数 $u(t)=\frac{1}{2}+\mathrm{e}^{-|t|}$。

$$f_1(x)=\frac{\cos^5 x+2}{20}, f_2(x)=\frac{\cos^3 x+3}{12},$$

$$g_1(x)=\frac{\sin^4 x+2}{16}, g_2(x)=\frac{\sin^3 x+3}{24},$$

$$k_{11}(\theta)=\mathrm{e}^{-\theta}, k_{12}(\theta)=2\mathrm{e}^{-\theta}\cos\theta, k_{21}(\theta)=-2\mathrm{e}^{-\theta}\sin\theta,$$

$$k_{22}(\theta)=\mathrm{e}^{-\theta}(\sin\theta+\cos\theta).$$

例 3.1　$\mathbb{T}=\mathbb{R}, \mu(t)=0$。

$$c_1(t)=11+|\cos(\sqrt{2}t)|, c_2(t)=12-|\sin t|,$$

$$I_1(t)=\frac{\cos t+\sqrt{3}\sin t}{6}, I_2(t)=\frac{\sin(\sqrt{2}t)+\cos(\sqrt{2}t)}{2},$$

$$a_{11}(t)=0.1|\sin t|, a_{12}(t)=0.2|\cos(\sqrt{2}t)|,$$

$$a_{21}(t)=0.2|\sin(\sqrt{3}t)|, a_{22}(t)=0.3|\cos t|,$$

$$\gamma_{11}=0.1, \gamma_{12}=0.25, \gamma_{21}=0.2, \gamma_{22}=0.35,$$

$$b_{111}(t)=0.1|\cos t|, b_{112}(t)=0.05|\sin t|, b_{121}(t)=0.15|\cos t|,$$

$$b_{122}(t)=0.2|\sin t|, b_{211}(t)=0.15|\sin t|,$$

$$b_{212}(t)=0.1|\cos t|, b_{221}(t)=0.15|\sin t|, b_{222}(t)=0.25|\sin t|.$$

显然，条件(H_2)－(H_4)已成立。若取 $\alpha_1=\alpha_2=\beta_1=\beta_2=\frac{1}{4}$，条件$(H_1)$成立。最后，验证条件$(H_5)$，若取 $r_0=1$，则

$$\max\left\{\frac{\overline{\eta_1}}{\underline{c_1}},\frac{\overline{\eta_2}}{\underline{c_2}}\right\}+L=\max\left\{\frac{0.2053125}{11},\frac{0.46375}{11}\right\}+\max\left\{\frac{1}{33},\frac{\sqrt{2}}{22}\right\}$$
$$\approx 0.133\,2<1=r_0,$$

且

$$\max\{\overline{\eta_1},\overline{\eta_2}\}=\max\{0.181\,771,0.118\,229\}<0.2<11=\min\{\underline{c_1},\underline{c_2}\}.$$

因此，当 $r_0=1$ 时，条件(H_5)成立，由定理 3.1，系统(3.1)在

$$E=\{\varphi\in PAP(\mathbb{T},\mathbb{R}^2,u):\|\varphi\|_\infty\leqslant 1\}$$

中有唯一的加权伪概周期解。

而且，此时还可以算出 $\upsilon_1\approx 0.146\,7>0$，$\upsilon_2\approx 0.147\,3>0$，据定理 3.2 与定理 3.3，当 $t\to+\infty$时，系统(3.10)的所有解都一致收敛到系统在 E 中的加权伪概周期解，而且加权伪概周期解还满足时标上的全局指数稳定性。

例 3.2 $\mathbb{T}=\mathbb{R}$，$\mu(t)=1$

$$c_1(t)=0.6+0.2|\cos t|,c_2(t)=0.9-0.1|\sin t|,$$
$$I_1(t)=0.002\cos t,I_2(t)=0.002\,5\sin(\sqrt{2}t),$$
$$a_{11}(t)=0.01|\sin t|,a_{12}(t)=0.02|\cos(\sqrt{2}t)|,$$
$$a_{21}(t)=0.02|\sin(\sqrt{3}t)|,a_{22}(t)=0.03|\cos t|,$$
$$\gamma_{11}(t)=|t|+1,\gamma_{12}(t)=2t^2+1,\gamma_{21}(t)=3t^4+2,\gamma_{22}(t)=3|t|+1,$$
$$b_{111}(t)=0.015|\sin t|,b_{112}(t)=0.005|\cos t|,b_{121}(t)=0.015|\sin t|,$$
$$b_{122}(t)=0.025|\sin t|,b_{211}(t)=0.015|\cos t|,$$
$$b_{212}(t)=0.01|\sin t|,b_{221}(t)=0.015|\cos t|,b_{222}(t)=0.025|\cos t|.$$

显然，条件(H_2)—(H_4)已成立。若取 $\alpha_1=\alpha_2=\beta_1=\beta_2=\frac{1}{4}$，条件($H_1$)也成立。接下来，验证条件($H_5$)，若取 $r_0=1$，则

$$\max\left\{\frac{\overline{\eta_1}}{\underline{c_1}},\frac{\overline{\eta_2}}{\underline{c_2}}\right\}+L=\max\left\{\frac{0.021\,94}{0.4},\frac{0.031\,14}{0.8}\right\}+\max\left\{\frac{0.002}{0.4},\frac{0.002\,5}{0.8}\right\}$$
$$\approx 0.059\,8<1=r_0,$$

且

$$\max\{\overline{\eta_1},\overline{\eta_2}\}=\max\{0.012\,761,0.018\,203\}<0.019<0.4=\min\{\underline{c_1},\underline{c_2}\}。$$

因此，当 $r_0=1$ 时，条件(H_5)成立，由定理 3.1，系统(3.1)在

$$E=\{\varphi\in PAP(\mathbb{T},\mathbb{R}^2,u):\|\varphi\|_\infty\leqslant 1\}$$

中有唯一的加权伪概周期解。

而且，此时还可以算出 $\upsilon_1 \approx 1.1724 > 1$，$\upsilon_2 \approx 1.8546 > 1$。据定理 3.2 与定理 3.3，当 $t \to +\infty$ 时，系统(3.10)的所有解都一致收敛到系统在 E 中的加权伪概周期解，而且加权伪概周期解还满足时标上的全局指数稳定性。

3.8　时标上的一类 BAM 神经网络

在接下来的几小节中，将考虑如下时标上的 BAM 神经网络的加权伪概周期解的存在性与全局指数稳定性：

$$\begin{cases} x_i^{\Delta}(t) = -a_i(t)x_i(t) + \sum\limits_{j=1}^{m} p_{ji}(t) f_j(y_j(t-\gamma_{ji})) + I_i(t), \\ \qquad t \in \mathbb{T}, i = 1,2,\cdots,n, \\ y_j^{\Delta}(t) = -b_j(t)y_j(t) + \sum\limits_{i=1}^{n} q_{ij}(t) g_i(x_i(t-\rho_{ij})) + J_j(t), \\ \qquad t \in \mathbb{T}, j = 1,2,\cdots,m. \end{cases} \tag{3.12}$$

其中，$\mathbb{T}$ 是一个概周期时标。$x_i(t)$ 与 $y_j(t)$ 分别表示第 i 条神经元与第 j 条神经元在时刻 t 的活动状态；$a_i(t)$，$b_j(t)$ 都是正值函数，它们分别表示在 t 时刻，当断开神经网络和外部输入时，第 i 条神经元与第 j 条神经元，可能会出现重置，而导致静止孤立状态的比例；p_{ji}，q_{ij} 都是神经网络的连接权重函数；γ_{ji}，ρ_{ij} 都是非负常数，它们表示第 i 条神经元与第 j 条神经元之间符号传输过程中的时滞；$I_i(t)$，$J_j(t)$ 表示 t 时刻的外部输入；f_j，g_i 都是符号过程中的作用函数；对于实数集上的每一个区间 J，引入记号 $J_{\mathbb{T}} = J \cap \mathbb{T}$。

为了探讨系统(3.11)的加权伪概周期解的存在性与全局指数稳定性，需要做如下假设

(C_1) $f_j, g_i \in C(\mathbb{R}, \mathbb{R})$，且存在正常数 α_j，β_i，使得

$$|f_j(u) - f_j(v)| \leqslant \alpha_j |u - v|, \quad |g_i(u) - g_i(v)| \leqslant \beta_i |u - v|,$$

其中，$u, v \in \mathbb{R}$，$i = 1,2,\cdots,n$，$j = 1,2,\cdots,m$；

(C_2) a_i，b_j，p_{ji}，q_{ij} 都是时标 $\mathbb{T}$ 上的概周期函数，其中 $i = 1,2,\cdots,n$，$j = 1,2,\cdots,m$。

系统(3.11)的初值条件如下

$x_i(s)=\varphi_i(s), y_j(s)=\varphi_{n+j}(s), i=1,2,\cdots,n, j=1,2,\cdots,m,$
$\varphi_k(\cdot)$表示一个定义在$[-v,0]_{\mathrm{T}}$上的有界的实值右稠密连续函数,其中

$$\gamma=\max_{1\leqslant i\leqslant n}\gamma_i, \rho=\max_{1\leqslant j\leqslant m}\rho_j, v=\max\{\gamma,\rho\}。$$

3.9 时标上 BAM 神经网络加权伪概周期解的存在性

在这一小节中,主要讨论时标上一类 BAM 神经网络的加权伪概周期解的存在性。

定理 3.4 如果条件$(C_1)-(C_2)$成立,且如下条件

(C_3) $-a_i, -b_j\in\Re^+, \gamma_{ji}, \rho_{ij}\in\Pi, i=1,2,\cdots,n, j=1,2,\cdots,m$;

(C_4)设$u\in \mathrm{U}_{\infty}^{Inv}$. $I_i, J_j(i=1,2,\cdots,n, j=1,2,\cdots,m)\in PAP(\mathrm{T},\mathbb{R}^n,u)$;

(C_5)存在正常数r_0,使得

$$\max_{1\leqslant i\leqslant n,1\leqslant j\leqslant m}\left\{\frac{\eta_i}{\underline{a_i}},\frac{\overline{\eta_j}}{\underline{b_j}}\right\}+\max\{L_1,L_2\}\leqslant r_0,$$

$$0<\max_{1\leqslant i\leqslant n,1\leqslant j\leqslant m}\{\Pi_i,\overline{\Pi_j}\}<\min_{1\leqslant i\leqslant n,1\leqslant j\leqslant m}\{\underline{a_i},\underline{b_j}\},$$

其中

$$\eta_i=\sum_{j=1}^{m}\overline{p_{ji}}(|f_j(0)|+\alpha_j r_0), \overline{\eta_j}=\sum_{i=1}^{n}\overline{q_{ij}}(|g_i(0)|+\beta_i r_0),$$

$$\Pi_i=\sum_{j=1}^{m}\overline{p_{ji}}\alpha_j,$$

$$\overline{\Pi_j}=\sum_{i=1}^{n}\overline{q_{ij}}\beta_i, L_1=\max_{1\leqslant i\leqslant n}\frac{\overline{I_i}}{\underline{a_i}}, L_2=\max_{1\leqslant j\leqslant m}\frac{\overline{J_j}}{\underline{b_j}}, \underline{a_i}=\inf_{t\in\mathrm{T}}a_i(t),$$

$$\underline{b_j}=\inf_{t\in\mathrm{T}}b_j(t),$$

$$\overline{p_{ji}}=\sup_{t\in\mathrm{T}}|p_{ji}(t)|, \overline{q_{ij}}=\sup_{t\in\mathrm{T}}|q_{ij}(t)|, \overline{I_i}=\sup_{t\in\mathrm{T}}|I_i(t)|,$$

$$\overline{J_j}=\sup_{t\in\mathrm{T}}|J_j(t)|$$

也成立，则系统(3.11)在

$$E=\{\varphi\in PAP(\mathbb{T},\mathbb{R}^{n+m},u):\|\varphi\|_\infty\leqslant r_0\}$$

中存在唯一的加权伪概周期解。

证明：对于任意的 $\varphi=(\varphi_1,\varphi_2,\cdots,\varphi_n,\varphi_{n+1},\cdots,\varphi_{n+m})^{\mathrm{T}}\in E$，在时标上考虑如下微分系统

$$\begin{cases} x_i^{\Delta}(t)=-a_i(t)x_i(t)+\sum\limits_{j=1}^{m}p_{ji}(t)f_j(\varphi_{n+j}(t-\gamma_{ji}))+I_i(t), \\ \qquad t\in\mathbb{T},i=1,2,\cdots,n, \\ y_j^{\Delta}(t)=-b_j(t)y_j(t)+\sum\limits_{i=1}^{n}q_{ij}(t)g_i(\varphi_i(t-\rho_{ij}))+J_j(t), \\ \qquad t\in\mathbb{T},j=1,2,\cdots,m. \end{cases} \tag{3.13}$$

以及它对应的齐次方程

$$\begin{cases} x_i^{\Delta}(t)=-a_i(t)x_i(t),t\in\mathbb{T},i=1,2,\cdots,n, \\ y_j^{\Delta}(t)=-b_j(t)y_j(t),t\in\mathbb{T},j=1,2,\cdots,m. \end{cases} \tag{3.14}$$

显然

$$X(t)=\mathrm{diag}(\mathrm{e}_{-a_1}(t,\bar{t}),\cdots,\mathrm{e}_{-a_n}(t,\bar{t}),\mathrm{e}_{-b_1}(t,\bar{t}),\cdots,\mathrm{e}_{-b_m}(t,\bar{t})),$$

其中，$\bar{t}=\min\{[0,+\infty)_{\mathbb{T}}\}$是系统(3.13)的一个基解矩阵，且对于任意的$\sigma(s)\leqslant t$，有

$$\begin{aligned}\|X(t)X^{-1}(\sigma(s))\|&=\|\mathrm{diag}(\mathrm{e}_{-a_1}(t,\bar{t}),\cdots,\mathrm{e}_{-a_n}(t,\bar{t}),\mathrm{e}_{-b_1}(t,\bar{t}),\cdots,\\&\quad\mathrm{e}_{-b_m}(t,\bar{t}))\times\mathrm{diag}(\mathrm{e}_{-a_1}(\bar{t},\sigma(s)),\cdots,\mathrm{e}_{-a_n}(\bar{t},\sigma(s)),\\&\quad\mathrm{e}_{-b_1}(\bar{t},\sigma(s)),\cdots,\mathrm{e}_{-b_m}(\bar{t},\sigma(s)))\|\\&=\|\mathrm{diag}(\mathrm{e}_{-a_1}(t,\sigma(s)),\cdots,\mathrm{e}_{-a_n}(t,\sigma(s)),\mathrm{e}_{-b_1}(t,\sigma(s)),\cdots,\\&\quad\mathrm{e}_{-b_m}(t,\sigma(s)))\|=\mathrm{e}_{-a_1}(t,\sigma(s))+\cdots+\mathrm{e}_{-a_n}(t,\sigma(s))\\&\quad+\mathrm{e}_{-b_1}(t,\sigma(s))+\cdots+\mathrm{e}_{-b_m}(t,\sigma(s)).\end{aligned}$$

容易看出

$$1+\mu(t)(\ominus a_i)(t)=1+\mu(t)\frac{-a_i(t)}{1+\mu(t)a_i(t)}=\frac{1}{1+\mu(t)a_i(t)},$$
$$i=1,2,\cdots,n,$$
$$1+\mu(t)(\ominus b_j)(t)=1+\mu(t)\frac{-b_j(t)}{1+\mu(t)b_j(t)}=\frac{1}{1+\mu(t)b_j(t)},$$
$$j=1,2,\cdots,m。$$

即 $\Theta a_i,\Theta b_j(i=1,2,\cdots,n,j=1,2,\cdots,m)\in\Re^+$；另一方面

$$-a_i(t)\leqslant\frac{-a_i(t)}{1+\mu(t)a_i(t)}=(\Theta a_i)(t),\forall t\in\mathbb{T},i=1,2,\cdots,n,$$

$$-b_j(t)\leqslant\frac{-b_j(t)}{1+\mu(t)b_j(t)}=(\Theta b_j)(t),\forall t\in\mathbb{T},j=1,2,\cdots,m。$$

$$\|X(t)X^{-1}(\sigma(s))\|\leqslant e_{\Theta a_1}(t,\sigma(s))+\cdots+e_{\Theta a_n}(t,\sigma(s))+e_{\Theta b_1}(t,\sigma(s))+\cdots+e_{\Theta b_m}(t,\sigma(s))\leqslant(n+m)e_{\Theta\alpha}(t,\sigma(s)),$$

其中，$\alpha=\min\{\inf\limits_{t\in\mathbb{T}}a_1(t),\cdots,\inf\limits_{t\in\mathbb{T}}a_n(t),\inf\limits_{t\in\mathbb{T}}b_1(t),\cdots,\inf\limits_{t\in\mathbb{T}}b_m(t)\}$，即系统(3.15)满足时标上的指数二分性。由引理 3.1 可得

$$F(t)=(F_1(t),F_2(t),\cdots,F_{n+m}(t))^{\mathrm{T}}\in PAP(\mathbb{T},\mathbb{R}^{n+m},u),$$

其中

$$F_i(t)=\sum_{j=1}^{m}p_{ji}(t)f_j(\varphi_{n+j}(t-\gamma_{ji}))+I_i(t),i=1,2,\cdots,n,$$

$$F_{n+j}(t)=\sum_{i=1}^{n}q_{ij}(t)g_i(\varphi_i(t-\rho_{ij}))+J_j(t),j=1,2,\cdots,m.$$

由定理 2.5 可知，系统(3.13)有一个加权伪概周期解

$$x_\varphi(t)=\int_{-\infty}^{t}X(t)X^{-1}(\sigma(s))F(s)\Delta s=(x_{\varphi1}(t),\cdots,x_{\varphi n}(t),y_{\varphi n+1}(t),\cdots,y_{\varphi n+m}(t))^{\mathrm{T}},$$

其中

$$x_{\varphi i}(t)=\int_{-\infty}^{t}e_{-a_i}(t,\sigma(s))F_i(s)\Delta s,i=1,2\cdots,n,$$

$$y_{\varphi n+j}(t)=\int_{-\infty}^{t}e_{-b_j}(t,\sigma(s))F_{n+j}(s)\Delta s,\cdots,j=1,2,\cdots,m.$$

首先，在 E 上定义算子，如下

$$\Phi(\varphi)(t)=(x_{\varphi1}(t),\cdots,x_{\varphi n}(t),y_{\varphi n+1}(t),\cdots,y_{\varphi n+m}(t))^{\mathrm{T}},\forall\varphi\in E.$$

其次，验证 $\Phi(E)\subset E$。为此，只需证明，对于任意给定的 $\varphi\in E$，都有 $\|\Phi(\varphi)\|_\infty\leqslant r_0$ 成立，即可。由条件$(C_1)-(C_5)$可得

$$\begin{aligned}
&\sup_{t\in\mathbb{T}}|x_{\varphi i}(t)|\\
&=\sup_{t\in\mathbb{T}}\left\{\left|\int_{-\infty}^{t}e_{-a_i}(t,\sigma(s))\left(\sum_{j=1}^{m}p_{ji}(s)f_j(\varphi_{n+j}(s-\gamma_{ji}))+I_i(s)\right)\Delta s\right|\right\}\\
&\leqslant\sup_{t\in\mathbb{T}}\left\{\left|\int_{-\infty}^{t}e_{-\underline{a_i}}(t,\sigma(s))\left(\sum_{j=1}^{m}\overline{p_{ji}}f_j(\varphi_{n+j}(s-\gamma_{ji}))\right)\Delta s\right|\right\}+\frac{\overline{I_i}}{\underline{a_i}}\\
&\leqslant\sup_{t\in\mathbb{T}}\left\{\left|\int_{-\infty}^{t}e_{-\underline{a_i}}(t,\sigma(s))\left(\sum_{j=1}^{m}\overline{p_{ji}}(|f_j(0)|+\alpha_j|\varphi_{n+j}(s-\gamma_{ji})|)\right)\Delta s\right|\right\}+\frac{\overline{I_i}}{\underline{a_i}}
\end{aligned}$$

$$\leqslant \sup_{t\in\mathbb{T}}\left\{\left|\int_{-\infty}^{t} e_{-\underline{a_i}}(t,\sigma(s))\left(\sum_{j=1}^{m}\overline{p_{ji}}(|f_j(0)|+\alpha_j r_0)\right)\Delta s\right|\right\}+\frac{\overline{I_i}}{\underline{a_i}}$$

$$\leqslant \frac{\eta_i}{\underline{a_i}}+L_1\leqslant r_0. \tag{3.15}$$

以及

$$\sup_{t\in\mathbb{T}}|y_{\varphi n+j}(t)|$$

$$=\sup_{t\in\mathbb{T}}\left\{\left|\int_{-\infty}^{t} e_{-b_j}(t,\sigma(s))\left(\sum_{i=1}^{n}q_{ij}(s)g_i(\varphi_i(s-\rho_{ij}))+J_j(s)\right)\Delta s\right|\right\}$$

$$\leqslant \sup_{t\in\mathbb{T}}\left\{\left|\int_{-\infty}^{t} e_{-\underline{b_j}}(t,\sigma(s))\left(\sum_{i=1}^{n}\overline{q_{ij}}g_i(\varphi_i(s-\rho_{ij}))\right)\Delta s\right|\right\}+\frac{\overline{J_j}}{\underline{b_j}}$$

$$\leqslant \sup_{t\in\mathbb{T}}\left\{\left|\int_{-\infty}^{t} e_{-\underline{b_j}}(t,\sigma(s))\left(\sum_{i=1}^{n}\overline{q_{ij}}(|g_i(0)|+\beta_i|\varphi_i(s-\rho_{ij})|)\right)\Delta s\right|\right\}+\frac{\overline{J_j}}{\underline{b_j}}$$

$$\leqslant \sup_{t\in\mathbb{T}}\left\{\left|\int_{-\infty}^{t} e_{-\underline{b_j}}(t,\sigma(s))\left(\sum_{i=1}^{n}\overline{q_{ij}}(|g_i(0)|+\beta_i r_0)\right)\Delta s\right|\right\}+\frac{\overline{J_j}}{\underline{b_j}}$$

$$\leqslant \frac{\overline{\eta_j}}{\underline{b_j}}+L_2\leqslant r_0. \tag{3.16}$$

由式(3.15)与式(3.16)，可得

$$\|\Phi(\varphi)\|_\infty=\max_{1\leqslant i\leqslant n,1\leqslant j\leqslant m}\{\sup_{t\in\mathbb{T}}|x_{\varphi i}(t)|,\sup_{t\in\mathbb{T}}|y_{\varphi n+j}(t)|\}\leqslant r_0.$$

因此，$\Phi(E)\subset E$.

任取 $\varphi,\psi\in E$，再考虑到条件(C_1)与条件(C_5)，可得

$$\sup_{t\in\mathbb{T}}|x_{\varphi i}(t)-x_{\psi i}(t)|$$

$$=\sup_{t\in\mathbb{T}}\left\{\left|\int_{-\infty}^{t} e_{-a_i}(t,\sigma(s))\left(\sum_{j=1}^{m}p_{ji}(s)[f_j(\varphi_{n+j}(s-\gamma_{ji}))-f_j(\psi_{n+j}(s-\gamma_{ji}))]\right)\Delta s\right|\right\}$$

$$\leqslant \sup_{t\in\mathbb{T}}\left\{\left|\int_{-\infty}^{t} e_{-a_i}(t,\sigma(s))\left(\sum_{j=1}^{m}p_{ji}(s)\alpha_j|\varphi_{n+j}(s-\gamma_{ji})-\psi_{n+j}(s-\gamma_{ji})|\right)\Delta s\right|\right\}$$

$$\leqslant \sup_{t\in\mathbb{T}}\left\{\left|\int_{-\infty}^{t} e_{-\underline{a_i}}(t,\sigma(s))\left(\sum_{j=1}^{m}\overline{p_{ji}}\alpha_j\right)\Delta s\right|\right\}\|\varphi-\psi\|_\infty\leqslant\frac{\Pi_i}{\underline{a_i}}\|\varphi-\psi\|_\infty$$

$$<\|\varphi-\psi\|_\infty. \tag{3.17}$$

以及

$$\sup_{t\in\mathbb{T}}|y_{\varphi n+j}(t)-y_{\psi n+j}(t)|$$

$$=\sup_{t\in\mathbb{T}}\left\{\left|\int_{-\infty}^{t} e_{-b_j}(t,\sigma(s))\left(\sum_{i=1}^{n}q_{ij}(s)[g_i(\varphi_i(s-\rho_{ij}))-g_i(\psi_i(s-\rho_{ij}))]\right)\Delta s\right|\right\}$$

$$\leqslant \sup_{t\in\mathbb{T}}\left\{\left|\int_{-\infty}^{t} e_{-b_j}(t,\sigma(s))\left(\sum_{i=1}^{n} q_{ij}(s)\beta_i \mid \varphi_i(s-\rho_{ij})-\psi_i(s-\rho_{ij})\mid\right)\Delta s\right|\right\} Z$$

$$\leqslant \sup_{t\in\mathbb{T}}\left\{\left|\int_{-\infty}^{t} e_{-\underline{b_j}}(t,\sigma(s))\left(\sum_{i=1}^{n} \overline{q_{ij}}\beta_i\right)\Delta s\right|\right\}\|\varphi-\psi\|_{\infty}$$

$$\leqslant \frac{\overline{\Pi_{n+j}}}{\underline{b_j}}\|\varphi-\psi\|_{\infty} < \|\varphi-\psi\|_{\infty}. \tag{3.18}$$

类似的，由式(3.17)与式(3.18)，可得

$$\begin{aligned}&\|\Phi(\varphi)-\Phi(\psi)\|_{\infty}\\&=\max_{1\leqslant i\leqslant n,1\leqslant j\leqslant m}\{\sup_{t\in\mathbb{T}}|x_{\varphi i}(t)-x_{\psi i}(t)|,\sup_{t\in\mathbb{T}}|y_{\varphi n+j}(t)-y_{\psi n+j}(t)|\}\\&<\|\varphi-\psi\|_{\infty}.\end{aligned} \tag{3.19}$$

上式表明，Φ 是一个从 E 到 E 的压缩映射。考虑到 E 是 $PAP(\mathbb{T},\mathbb{R}^{n+m},u)$的一个闭子集，$\Phi$ 在 E 中存在唯一的不动点，即系统(3.12)在 E 中存在唯一的加权伪概周期解。

推论 3.5 若条件(C_1)－(C_3)与条件(C_5)都成立。更进一步地，假设 $I_i,J_j(i=1,2,\cdots,n,j=1,2,\cdots,m)$都是概周期函数，则系统(3.12)在

$$E=\{\varphi\in AP(\mathbb{T},\mathbb{R}^{n+m}):\|\varphi\|_{\infty}\leqslant r_0\}$$

中存在唯一的概周期解。

推论 3.6 若条件(C_1)－(C_3)与条件(C_5)都成立。更进一步地，假设 $I_i,J_j(i=1,2,\cdots,n,j=1,2,\cdots,m)$都是伪概周期函数，则系统(3.12)在

$$E=\{\varphi\in PAP(\mathbb{T},\mathbb{R}^{n+m}):\|\varphi\|_{\infty}\leqslant r_0$$

中存在唯一的伪概周期解。

3.10 时标上 BAM 神经网络的加权伪概周期解的全局指数稳定性

采用与定义 3.5 一样的方法，首先，确定系统(3.12)的加权伪概周期解全局指数稳定的定义后，再从该定义出发，利用时标上的微分不等式技巧，探讨加权伪概周期解的全局指数稳定性。

定义 3.6 称系统(3.11)满足初值条件

$$\varphi^*(t)=(\varphi_1^*(t),\cdots,\varphi_n^*(t),\varphi_{n+1}^*(t),\cdots,\varphi_{n+m}^*(t))^{\mathrm{T}}$$

的解

$$z^*(t)=(x_1^*(t),\cdots,x_n^*(t),y_1^*(t),\cdots,y_m^*(t))^{\mathrm{T}}$$

在时标上满足全局指数稳定性，是指，存在一个正常数 λ，且 $\Theta\lambda\in\Re^+$，以及 $M>1$，使得系统(3.12)满足任意初值条件

$$\varphi(t)=(\varphi_1(t),\cdots,\varphi_n(t),\varphi_{n+1}(t),\cdots\varphi_{n+m}(t))^{\mathrm{T}}$$

的每一个解

$$z(t)=(x_1(t),\cdots,x_n(t),y_1(t),\cdots,y_m(t))^{\mathrm{T}}$$

都满足

$$\|z(t)-z^*(t)\|\leqslant Me_{\Theta\lambda}(t,t_0)\|\psi\|_\infty,\ \forall t\in(0,+\infty)_{\mathrm{T}},$$

其中

$$\|\psi\|_\infty=\sup_{t\in[-v,0]_\infty}\max_{1\leqslant i\leqslant n+m}|\varphi_i(t)-\varphi_i^*(t)|,t_0=\max\{[-v,0]_\infty\}.$$

定理 3.5　若条件$(C_1)-(C_5)$成立，则系统(3.12)存在唯一的加权伪概周期解，而且解函数还满足时标上的全局指数稳定性。

证明：由定理 3.4 可知，系统(3.12)存在唯一的加权伪概周期解

$$z^*(t)=(x_1^*(t),\cdots,x_n^*(t),y_1^*(t),\cdots,y_m^*(t))^{\mathrm{T}}$$

假设

$$z(t)=(x_1(t),\cdots,x_n(t),y_1(t),\cdots,y_m(t))^{\mathrm{T}}$$

是系统(3.12)的任意一个解。由系统(3.11)直接可以得到

$$u_i^{\Delta}(s)+a_i(s)u_i(s)=\sum_{j=1}^{m}p_{ji}(s)\Big[f_j(v_j(s-\gamma_{ji})+y_j^*(s-\gamma_{ji}))-f_j(y_j^*(s-\gamma_{ji}))\Big]\quad(3.20)$$

$$v_j^{\Delta}(s)+b_j(s)v_j(s)=\sum_{i=1}^{n}q_{ij}(s)\Big[g_i(u_i(s-\rho_{ij})+x_i^*(s-\rho_{ij}))-g_i(x_i^*(s-\rho_{ij}))\Big]\quad(3.21)$$

其中

$$u_i(s)=x_i(s)-x_i^*(s),v_j(s)=y_j(s)-y_j^*(s),i=1,2,\cdots,n,\ j=1,2,\cdots,m.$$

式(3.20)的初值条件为

$$\psi_i(s)=\varphi_i(s)-x_i^*(s),s\in[-v,0]_{\mathrm{T}},i=1,2,\cdots,n,$$

式(3.21)的初值条件是

$$\psi_{n+j}(s)=\varphi_{n+j}(s)-y_j^*(s),s\in[-v,0]_{\mathbb{T}},j=1,2,\cdots,m.$$

定义辅助函数 H_i 与 $\overline{H_j}$，如下

$$H_i(\upsilon)=\underline{a_i}-\upsilon-\sum_{j=1}^{m}\overline{p_{ji}}\alpha_j\exp(\upsilon(\gamma+\sup_{s\in\mathbb{T}}\mu(s))),$$
$$i=1,2,\cdots,n,\upsilon\in[0,+\infty),$$

$$\overline{H_j}(\upsilon)=\underline{b_j}-\upsilon-\sum_{i=1}^{n}\overline{q_{ij}}\beta_i\exp(\upsilon(\rho+\sup_{s\in\mathbb{T}}\mu(s))),$$
$$j=1,2,\cdots,m,\upsilon\in[0,+\infty).$$

由条件(C_5)，可得

$$H_i(0)=\underline{a_i}-\sum_{j=1}^{m}\overline{p_{ji}}\alpha_j=\underline{a_i}-\Pi_i>0,i=1,2,\cdots,n,$$

$$\overline{H_j}(0)=\underline{b_j}-\sum_{i=1}^{n}\overline{q_{ij}}\beta_i=\underline{b_j}-\overline{\Pi_j}>0,j=1,2,\cdots,m.$$

因为 $H_i,\overline{H_j}$ 都是定义在区间$[0,+\infty)$上的连续函数，且，当 $\upsilon\to+\infty$ 时，有 $H_i(\upsilon),\overline{H_j}(\upsilon)\to-\infty$，则存在 $\upsilon_i,\overline{\upsilon_j}>0$，使得 $H_i(\upsilon_i)=0,\overline{H_j}(\overline{\upsilon_j})=0$，且当 $\upsilon\in(0,\upsilon_i)$ 时，有 $H_i(\upsilon)>0$ 成立；当 $\upsilon\in(0,\overline{\upsilon_j})$ 时，有 $\overline{H_j}(\upsilon)>0$ 成立。令

$$\upsilon=\min\{\upsilon_1,\cdots,\upsilon_n,\overline{\upsilon_1},\cdots,\overline{\upsilon_m}\},$$

则

$$H_i(\upsilon)\geqslant0,\overline{H_j}(\upsilon)\geqslant0,i=1,2,\cdots,n,j=1,2,\cdots,m.$$

从而，可以选择一个正常数

$$0<\lambda<\min\{\upsilon,\min_{1\leqslant i\leqslant n}\{\overline{a_i}\},\min_{1\leqslant j\leqslant m}\{\overline{b_j}\}\},$$

使得

$$H_i(\lambda)>0,\overline{H_j}(\lambda)>0,i=1,2,\cdots,n,j=1,2,\cdots,m,$$

即

$$\frac{1}{\underline{a_i}-\lambda}\Big[\sum_{j=1}^{m}\overline{p_{ji}}\alpha_j\exp(\lambda(\gamma+\sup_{s\in\mathbb{T}}\mu(s)))\Big]<1,i=1,2,\cdots,n,\tag{3.22}$$

以及

$$\frac{1}{\underline{b_j}-\lambda}\Big[\sum_{i=1}^{n}\overline{q_{ij}}\beta_i\exp(\lambda(\rho+\sup_{s\in\mathbb{T}}\mu(s)))\Big]<1,j=1,2,\cdots,m.\tag{3.23}$$

式(3.20)两边同时乘以 $e_{-a_i}(t_0,\sigma(s))(t_0=\max\{[-v,0]_{\mathbb{T}}\})$后，利用引

理 2.2,从 t_0 积分到 t 后,可得

$$u_i(t)=u_i(t_0)\mathrm{e}_{-a_i}(t,t_0)+\int_{t_0}^{t}\mathrm{e}_{-a_i}(t,\sigma(s))\Big(\sum_{j=1}^{m}p_{ji}(s)\Big[f_j(v_j(s-\gamma_{ji})+y_j^*(s-\gamma_{ji}))-f_j(y_j^*(s-\gamma_{ji}))\Big]\Big)\Delta s,\tag{3.24}$$

其中 $i=1,2,\cdots,n$. 同理,式(3.21)两边同时乘以 $\mathrm{e}_{-b_j}(t_0,\sigma(s))(t_0=\max\{[-v,0]_{\mathrm{T}}\})$后,利用引理 2.2,从 t_0 积分到 t 后,可得

$$v_j(t)=v_j(t_0)\mathrm{e}_{-b_j}(t,t_0)+\int_{t_0}^{t}\mathrm{e}_{-b_j}(t,\sigma(s))\Big(\sum_{i=1}^{n}q_{ij}(s)\Big[g_i(u_i(s-\rho_{ij})+x_i^*(s-\rho_{ij}))-g_i(x_i^*(s-\rho_{ij}))\Big]\Big)\Delta s,\tag{3.25}$$

其中 $j=1,2,\cdots,m$. 令

$$M=\max_{1\leqslant i\leqslant n,1\leqslant j\leqslant m}\left\{\frac{\overline{a_i}}{\sum\limits_{j=1}^{m}\overline{p_{ji}}\alpha_j},\frac{\overline{b_j}}{\sum\limits_{i=1}^{n}\overline{q_{ij}}\beta_i}\right\}$$

由条件(C_5),有 $M>1$. 因此

$$\frac{1}{M}-\frac{1}{\overline{a_i}-\lambda}\Big[\sum_{j=1}^{m}\overline{p_{ji}}\alpha_j\exp(\lambda(\gamma+\sup_{s\in\mathrm{T}}\mu(s)))\Big]\leqslant 0,$$

以及

$$\frac{1}{M}-\frac{1}{\overline{b_j}-\lambda}\Big[\sum_{i=1}^{n}\overline{q_{ij}}\beta_i\exp(\lambda(\rho+\sup_{s\in\mathrm{T}}\mu(s)))\Big]\leqslant 0.$$

此时,容易看出

$$|u_i(t)|=|\psi_i(t)|\leqslant\|\psi\|_\infty\leqslant M\mathrm{e}_{\Theta\lambda}(t,t_0)\|\psi\|_\infty,$$
$$t\in[-v,0]_{\mathrm{T}},i=1,2,\cdots,n,$$
$$|v_j(t)|=|\psi_{n+j}(t)|\leqslant\|\psi\|_\infty\leqslant M\mathrm{e}_{\Theta\lambda}(t,t_0)\|\psi\|_\infty,$$
$$t\in[-v,0]_{\mathrm{T}},j=1,2,\cdots,m.$$

其中 $\lambda\in\mathfrak{R}^+$,即

$$\|z(t)-z^*(t)\|=\max_{1\leqslant i\leqslant n,1\leqslant j\leqslant m}\{|u_i(t)|,|v_j(t)|\}\leqslant M\mathrm{e}_{\Theta\lambda}(t,t_0)\|\psi\|_\infty,$$
$$t\in[-v,0]_{\mathrm{T}}.$$

接下来,做如下断言

$$\|z(t)-z^*(t)\|\leqslant M\mathrm{e}_{\Theta\lambda}(t,t_0)\|\psi\|_\infty,\ \forall t\in(0,+\infty)_{\mathrm{T}}.\tag{3.26}$$

如果不等式(3.26)不成立,则存在某一点 $t_1\in(0,+\infty)_{\mathrm{T}}$,存在自然数 k,以及常数 $p>1$,使得

$$\|z(t_1)-z^*(t_1)\|=|z_k(t_1)-z_k^*(t_1)|=pMe_{\ominus\lambda}(t_1,t_0)\|\psi\|_\infty, \tag{3.27}$$

以及

$$\|z(t)-z^*(t)\|\leqslant pMe_{\ominus\lambda}(t,t_0)\|\psi\|_\infty,\ \forall t\in[-v,t_1]_{\mathbb{T}}, \tag{3.28}$$

由式(3.24)—式(3.28),以及条件(C_2)—(C_5),可得

$$\begin{aligned}
|u_i(t_1)|&\leqslant e_{-a_i}(t_1,t_0)\|\psi\|_\infty\\
&+\int_{t_0}^{t_1}pM\|\psi\|_\infty e_{-a_i}(t_1,\sigma(s))\Big(\sum_{j=1}^m\overline{p_{ji}}\alpha_j e_{\ominus\lambda}(s-\gamma_{ji},t_0)\Big)\Delta s\\
&\leqslant pMe_{\ominus\lambda}(t_1,t_0)\|\psi\|_\infty\Big\{\frac{1}{pM}e_{-a_i}(t_1,t_0)e_{\ominus\lambda}(t_0,t_1)\\
&+\int_{t_0}^{t_1}e_{-a_i}(t_1,\sigma(s))e_\lambda(t_1,\sigma(s))\Big(\sum_{j=1}^m\overline{p_{ji}}\alpha_j e_{\ominus\lambda}(s-\gamma,\sigma(s))\Big)\Delta s\Big\}\\
&< pMe_{\ominus\lambda}(t_1,t_0)\|\psi\|_\infty\Big\{\frac{1}{M}e_{-a_i\oplus\lambda}(t_1,t_0)\\
&+(\sum_{j=1}^m\overline{p_{ji}}\alpha_j\exp(\lambda(\gamma+\sup_{s\in\mathbb{T}}\mu(s)))\int_{t_0}^{t}e_{-a_i\oplus\lambda}(t_1,\sigma(s))\Delta s\Big\}\\
&\leqslant pMe_{\ominus\lambda}(t_1,t_0)\|\psi\|_\infty\Big\{\frac{1}{M}e_{-a_i\oplus\lambda}(t_1,t_0)\\
&+(\sum_{j=1}^m\overline{p_{ji}}\alpha_j\exp(\lambda(\gamma+\sup_{s\in\mathbb{T}}\mu(s)))\frac{1-e_{-a_i\oplus\lambda}(t_1,t_0)}{\underline{a_i}-\lambda}\Big\}\\
&\leqslant pMe_{\ominus\lambda}(t_1,t_0)\|\psi\|_\infty\Big\{\Big[\frac{1}{M}-\frac{1}{\underline{a_i}-\lambda}(\sum_{j=1}^m\overline{p_{ji}}\alpha_j\exp(\lambda(\gamma+\sup_{s\in\mathbb{T}}\mu(s))))\Big]\\
&\times e_{-a_i\oplus\lambda}(t_1,t_0)+\frac{1}{\underline{a_i}-\lambda}(\sum_{j=1}^m\overline{p_{ji}}\alpha_j\exp(\lambda(\gamma+\sup_{s\in\mathbb{T}}\mu(s))))\Big\}\\
&< pMe_{\ominus\lambda}(t_1,t_0)\|\psi\|_\infty,
\end{aligned}\tag{3.29}$$

以及

$$\begin{aligned}
|v_j(t_1)|&\leqslant e_{-b_j}(t_1,t_0)\|\psi\|_\infty\\
&+\int_{t_0}^{t}pM\|\psi\|_\infty e_{-b_j}(t_1,\sigma(s))\Big(\sum_{i=1}^n\overline{q_{ij}}\beta_i e_{\ominus\lambda}(s-\rho_{ij},t_0)\Big)\Delta s\\
&\leqslant pMe_{\ominus\lambda}(t_1,t_0)\|\psi\|_\infty\Big\{\frac{1}{pM}e_{-b_j}(t_1,t_0)e_{\ominus\lambda}(t_0,t_1)\\
&+\int_{t_0}^{t_1}e_{-b_j}(t_1,\sigma(s))e_\lambda(t_1,\sigma(s))\Big(\sum_{i=1}^n\overline{q_{ij}}\beta_i e_{\ominus\lambda}(s-\rho,\sigma(s))\Big)\Delta s\Big\}\\
&< pMe_{\ominus\lambda}(t_1,t_0)\|\psi\|_\infty\Big\{\frac{1}{M}e_{-b_j\oplus\lambda}(t_1,t_0)
\end{aligned}$$

$$+\left(\sum_{i=1}^{n}\overline{q_{ij}}\beta_i\exp(\lambda(\rho+\sup_{s\in\mathbb{T}}\mu(s)))\int_{t_0}^{t_1}e_{-b_j\oplus\lambda}(t_1,\sigma(s))\Delta s\right\}$$

$$\leqslant pMe_{\ominus\lambda}(t_1,t_0)\|\psi\|_\infty\left\{\frac{1}{M}e_{-b_j\oplus\lambda}(t_1,t_0)\right.$$

$$+\left(\sum_{i=1}^{n}\overline{q_{ij}}\beta_i\exp(\lambda(\rho+\sup_{s\in\mathbb{T}}\mu(s)))\frac{1-e_{-b_j\oplus\lambda}(t_1,t_0)}{\overline{b_j}-\lambda}\right\}$$

$$\leqslant pMe_{\ominus\lambda}(t_1,t_0)\|\psi\|_\infty\left\{\left[\frac{1}{M}-\frac{1}{\overline{b_j}-\lambda}\left(\sum_{i=1}^{n}\overline{q_{ij}}\beta_i\exp(\lambda(\rho+\sup_{s\in\mathbb{T}}\mu(s)))\right)\right]\right.$$

$$\left.\times e_{-b_j\oplus\lambda}(t_1,t_0)+\frac{1}{\overline{b_j}-\lambda}\left(\sum_{i=1}^{n}\overline{q_{ij}}\beta_i\exp(\lambda(\rho+\sup_{s\in\mathbb{T}}\mu(s)))\right)\right\}$$

$$<pMe_{\ominus\lambda}(t_1,t_0)\|\psi\|_\infty. \tag{3.30}$$

由式(3.29)与式(3.30),可得

$$|z_k(t_1)-z_k^*(t_1)|<pMe_{\ominus\lambda}(t_1,t_0)\|\psi\|_\infty,\forall k\in\{1,2,\cdots,n+m\}.$$

上式与式(3.27)矛盾,故式(3.26)成立。因此,系统(3.12)的加权伪概周期解满足时标上的全局指数稳定性。全局指数稳定性也说明加权伪概周期解是唯一的。

推论 3.7 假设条件$(C_1)-(C_3)$,以及条件(C_5)成立。进一步假设$I_i,J_j(i=1,2,\cdots,n,j=1,2,\cdots,m)$都是概周期函数,则系统(3.12)存在唯一的概周期函数,而且概周期函数还满足时标上的全局指数稳定性。

推论 3.8 假设条件$(C_1)-(C_3)$,以及条件(C_5)成立。进一步假设$I_i,J_j(i=1,2,\cdots,n,j=1,2,\cdots,m)$都是伪概周期函数,则系统(3.12)存在唯一的伪概周期函数,而且伪概周期函数还满足时标上的全局指数稳定性。

3.11 数值例子

考虑如下的神经网络

$$\begin{cases} x_i^{\Delta}(t) = -a_i(t)x_i(t) + \sum_{j=1}^{2} p_{ji}(t) f_j(y_j(t-\gamma_{ji})) + I_i(t), \\ \qquad t \in \mathbb{T}, i = 1,2, \\ y_j^{\Delta}(t) = -b_j(t)y_j(t) + \sum_{i=1}^{2} q_{ij}(t) g_i(x_i(t-\rho_{ij})) + J_j(t), \\ \qquad t \in \mathbb{T}, j = 1,2. \end{cases} \tag{3.31}$$

其中,权函数为 $\mu(t)=\dfrac{e^{-|t|}}{2}$,而

$$f_1(x)=\frac{\cos^3 x+5}{18}, f_2(x)=\frac{\cos^3 x+3}{12},$$

$$g_1(x)=\frac{2-\sin^4 x}{16}, g_2(x)=\frac{3-\sin^6 x}{24}.$$

例 3.3 $\mathbb{T}=\mathbb{R}, \mu(t)=0$:

$$a_1(t)=11+|\cos(\sqrt{2}t), a_2(t)=12-|\sin t|,$$

$$b_1(t)=9-|\cos t|, b_2(t)=8+\sin t^2,$$

$$I_1(t)=2J_1(t)=\frac{\cos t+\sqrt{3}\sin t}{8}, I_2(t)=4J_2(t)=\frac{\sin(\sqrt{2}t)+\cos(\sqrt{2}t)}{4},$$

$$p_{11}(t)=\frac{15}{7}|\cos t|, p_{12}(t)=\frac{18}{7}|\cos t|, p_{21}(t)=\frac{10}{7}|\sin t|,$$

$$p_{22}(t)=\frac{13}{14}|\sin t|, q_{11}(t)=2|\sin t|, q_{12}(t)=\frac{5}{3}|\cos t|,$$

$$q_{21}(t)=\frac{10}{3}|\sin t|, q_{22}(t)=|\sin t|.$$

取 $\gamma_{ji}, \rho_{ij}(i,j=1,2)$:$\mathbb{R}\to\mathbb{R}$ 是任意的概周期函数,条件 $(C_2)-(C_4)$ 成立。取 $\alpha_1=\alpha_2=\beta_1=\beta_2=\dfrac{1}{4}$,条件 (C_1) 成立。接下来,验证条件 (C_5),若取 $r_0=1$,则

$$\max\left\{\frac{\eta_1}{\underline{a_1}}, \frac{\eta_2}{\underline{a_2}}, \frac{\overline{\eta_1}}{\underline{b_1}}, \frac{\overline{\eta_2}}{\underline{b_2}}\right\}+\max\{L_1, L_2\}=0.25+\frac{\sqrt{2}}{44}\approx 0.282<1=r_0,$$

且

$$0<\max\{\Pi_1, \Pi_2, \overline{\Pi_1}, \overline{\Pi_2}\}=\max\left\{\frac{33}{28}, \frac{33}{56}, \frac{4}{3}, \frac{2}{3}\right\}$$

$$=\frac{4}{3}<8=\min\{\underline{a_1},\underline{a_2},\underline{b_1},\underline{b_2}\}.$$

因此，当 $r_0=1$ 时，条件(C_5)成立。由定理 3.4 与定理 3.5，系统(3.31)在

$$E=\{\varphi\in PAP(\mathbb{T},\mathbb{R}^4,u):\|\varphi\|_\infty\leqslant 1\}$$

中存在唯一的加权伪概周期解，而且加权伪概周期解还满足时标上的全局指数稳定性。

例 3.4　$\mathbb{T}=\mathbb{Z},\mu(t)=1$：

$$a_1(t)=0.9-0.1|\sin(\sqrt{3}t)|,a_2(t)=0.8+0.1\cos^2 t,$$
$$b_1(t)=0.6-0.2|\sin t|,b_2(t)=0.4+0.1\cos t^4,$$

$$I_1(t)=J_1(t)=\frac{\sin t+\sqrt{3}\cos t}{16},I_2(t)=2J_2(t)=\frac{\sqrt{2}\sin t+\sqrt{2}\cos t}{32},$$

$$p_{11}(t)=\frac{1}{7}|\sin t|,p_{12}(t)=\frac{13}{14}|\cos t|,p_{21}(t)=\frac{1}{7}\sin^2 t,$$

$$p_{22}(t)=\frac{1}{14}|\sin(\sqrt{2}t)|,q_{11}(t)=\frac{1}{8}|\sin t|,$$

$$q_{12}(t)=\frac{1}{24}\cos^2 t,q_{21}(t)=\frac{1}{48}|\sin t|,q_{22}(t)=\frac{1}{16}|\cos t|.$$

取 $\gamma_{ji},\rho_{ij}(i,j=1,2):\mathbb{R}\to\mathbb{R}$ 是任意的概周期函数，条件(C_2)－(C_4)成立。取 $\alpha_1=\alpha_2=\beta_1=\beta_2=\frac{1}{4}$，条件($C_1$)成立。接下来，验证条件($C_5$)，若取 $r_0=1$，则

$$\max\left\{\frac{\eta_1}{\underline{a_1}},\frac{\eta_2}{\underline{a_2}},\frac{\overline{\eta_1}}{\underline{b_1}},\frac{\overline{\eta_2}}{\underline{b_2}}\right\}+\max\{L_1,L_2\}=\frac{5}{24}+\frac{5}{16}\approx 0.521<1=r_0,$$

且

$$0<\max\{\Pi_1,\Pi_2,\overline{\Pi_1},\overline{\Pi_2}\}=\max\left\{\frac{1}{14},\frac{1}{14},\frac{1}{24},\frac{1}{48}\right\}=\frac{1}{14}<0.4$$
$$=\min\{\underline{a_1},\underline{a_2},\underline{b_1},\underline{b_2}\}.$$

因此，当 $r_0=1$ 时，条件(C_5)成立。由定理 3.4 与定理 3.5，系统(3.31)在

$$E=\{\varphi\in PAP(\mathbb{T},\mathbb{R}^4,u):\|\varphi\|_\infty\leqslant 1\}$$

中存在唯一的加权伪概周期解，而且加权伪概周期解还满足时标上的全局指数稳定性。

第4章　时标上中立型神经网络的加权伪概周期解的存在性与稳定性

4.1　引　言

最近,具有中立型时滞的神经网络在许多领域中,都得到了广泛应用,例如,自动化控制、人口动力学、模式识别等领域,因此,中立型神经网络获得了学者的广泛关注,成为研究热点,发表了大量相关的学术文献。在文献[16]～文献[18]中,通过构造合适的 Lyapunov 函数,以及使用非线性矩阵不等式技巧,作者研究了具有中立型时滞的神经网络的平衡点的存在性,以及全局渐进稳定性,或是全局指数稳定性。在文献[19]中,通过使用抽象的 k-集压缩算子抽象连续定理,作者探讨了具有中立型时滞的细胞神经网络的周期解的存在性。然而,研究中立型神经网络的概周期型解的存在性,以及全局渐进稳定性,或是全局指数稳定性的文献并不多,更加不用说是在时标上讨论中立型神经网络的概周期型解的存在性与稳定性。高阶神经网络比低阶神经网络具有更强的模拟能力、更快的收敛率、更多的存储能力,以及更高的纠错能力,因此,相对来说,高阶神经网络更加符合实际应用的需要。从文献[1]～文献[15]中可以看到:有关 Hopfield 神经网络的动力学模型,以及其中的非线性动力学问题的研究获得了许多新的进展,得到了大量的相关结论。从神经网络的研究与发展的历史来看,无论是神物神经网络,还是人工神经网络,一旦关于它们的动力学模型,以及其中的非线性动力学问题的研究获得新的进展时,这些神经网络系统的性能、功能,以及应用就有

了强有力的理论支撑,也就能被广泛应用及采用[54]。任意一种神经网络都可以作为细胞神经网络的特例,也就是说,细胞神经网络是一种具有普遍意义的神经网络。因此,近年来细胞神经网络成为又一个研究热点,学者们从理论探索以及实际应用两个方面,对细胞神经网络,尤其是具有时滞的细胞神经网络进行了深入的研究,得到了大量关于细胞神经网络的周期解,以及概周期解的存在性与全局指数稳定性的结论,见文献[55]~文献[58],然而,在这些文献中,却没有对具有中立型时滞的细胞神经网络进行讨论。基于以上种种原因,在本章中,将以具有中立型时滞的高阶 Hopfield 神经网络和细胞神经网络为例,探讨时标上中立型神经网络的加权伪概周期解的存在性与全局指数稳定性。在本章中,首先通过利用一个引理 2.7 中提到过的变上限积分函数,构造出了合适的巴拿赫空间,以及压缩算子,其次,采用不动点定理,探讨了时标上具有中立型时滞的神经网络的加权伪概周期解的存在性。由于$(AP^1(\mathbb{T},\mathbb{R}^n),\|\cdot\|_\infty^1)$与$(PAP^1(\mathbb{T},\mathbb{R}^n),\|\cdot\|_\infty^1)$都是巴拿赫空间,同样采用不动点方法,也可以讨论时标上中立型神经网络的概周期解与伪概周期解的存在性。与第 3 章类似,由于微分系统的多样性,以及 Δ 导数的复杂性,在时标上,针对每一个微分系统,构造合适的 Lyapunov 函数并不是一件容易的事,在本章中,采用与定义 3.5 一样的方法,首先明确了时标上中立型神经网络的加权伪概周期解全局指数稳定的定义后,再从定义出发,采用相关的微分不等式技巧,探讨时标上具有中立型时滞的高阶 Hopfield 神经网络与细胞神经网络的加权伪概周期解的全局指数稳定性。当然,也可以采用相同的方法,讨论时标上中立型神经网络的概周期解与伪概周期解的全局指数稳定性。最后,通过数值例子说明所得结论的有效性与可行性。本章中,所采用的方法,也可以探讨时标上,其他类型的中立型神经网络的概周期型解的存在性与稳定性。

4.2 时标上一类具有中立型分布时滞的高阶 Hopfield 神经网络

在接下来的几小节中,将在时标上讨论如下的具有中立型分布时滞的高阶 Hopfield 神经网络。

$$
\begin{aligned}
x_i^{\Delta}(t) = & -c_i(t)x_i(t) + \sum_{j=1}^{n} a_{ij}(t) f_j(x_j(t-\gamma_{ij})) \\
& + \sum_{j=1}^{n} \alpha_{ij}(t) \int_0^{+\infty} \beta_{ij}(\theta) h_j(x_j^{\Delta}(t-\theta)) \Delta\theta \\
& + \sum_{j=1}^{n} \sum_{l=1}^{n} b_{ijl}(t) g_j(x_j(t-\omega_{ijl})) g_l(x_l(t-v_{ijl})) \\
& + I_i(t), t \in (0, +\infty) \cap \mathrm{T},
\end{aligned} \tag{4.1}
$$

其中,$i=1,2,\cdots,n$;T 是一个概周期时标;n 表示神经网络中神经元的个数;$x_i(t)$表示在 t 时刻第 i 条神经元的状态;$c_i(t)$表示在 t 时刻,当断开神经网络与外部输入时,第 i 条神经元可能会出现重置,而导致静止孤立状态的比例;a_{ij},α_{ij},b_{ijl} 分别表示神经网络的一阶与连接权重函数;β_{ij} 是分布时滞的核函数;$I_i(t)$表示第 i 条神经元在 t 时刻的外部输入;f_j,g_j 是符号传输过程中的作用函数;γ_{ij},ω_{ijl},$v_{ijl} \geqslant 0$ 表示符号传输过程中所产生的实值;对于实数集上每一个区间 J,引入记号:$J_{\mathrm{T}} = J \cap \mathrm{T}$。

系统(4.1)的初值条件如下

$$x_i(s) = \varphi_i(s), s \in (-\infty, 0]_{\mathrm{T}}, i=1,2,\cdots,n,$$

其中,$\varphi_i(\cdot)$是一个定义在$(-\infty,0]_{\mathrm{T}}$ 上,实值的有界的可微的右稠密连续函数,$\varphi_i^{\Delta}(\cdot)$也是一个有界函数。

为了研究系统(4.1)的加权伪概周期解的存在性与全局指数稳定性,需要做如下假设

(H_1) $f_j, g_j, h_j \in C(\mathbb{R}, \mathbb{R})$,且存在正常数 κ_j,ε_j,ϑ_j,使得

$$|f_j(u)-f_j(v)| \leqslant \kappa_j |u-v|, \quad |g_j(u)-g_j(v)| \leqslant \varepsilon_j |u-v|,$$
$$|h_j(u)-h_j(v)| \leqslant \vartheta_j |u-v|,$$

其中,$u, v \in \mathbb{R}$,$j=1,2,\cdots,n$;

(H_2) 存在常数 $N_j > 0$,使得$|g_j(u)| \leqslant N_j$,$u \in \mathbb{R}$,$j=1,2,\cdots,n$;

(H_3) 对于每一个 $i,j,l=1,2,\cdots,n$,时滞核函数 $\beta_{ij}:[0,+\infty)_{\mathrm{T}} \to \mathbb{R}$ 都是右稠密连续函数,且 $0 \leqslant \int_0^{+\infty} |\beta_{ij}(\theta)| \Delta\theta \leqslant \beta_{ij}^M$,$c_i \in \mathfrak{R}^+$,$c_i$,$a_{ij}$,$\alpha_{ij}$,$b_{ijl} \in AP(\mathrm{T}, \mathbb{R})$,$\gamma_{ij}$,$\omega_{ijl}$,$v_{ijl} \in \Pi$ 成立;

(H_4) 设 $u \in \mathrm{U}_{\infty}^{Inv}$. $I_i(i=1,2,\cdots,n) \in PAP(\mathrm{T}, \mathbb{R}^n, u)$.

4.3　时标上具有中立型时滞的高阶 Hopfield 神经网络的加权伪概周期解的存在性

首先，引入一些记号。$x=(x_1,x_2,\cdots,x_n)^{\mathrm{T}}$ 表示 $\mathbb{R}^n$ 中的一个向量。$|x|$ 表示 x 的绝对值向量，即 $|x|=(|x_1|,|x_2|,\cdots,|x_n|)^{\mathrm{T}}$. 定义 $\mathbb{R}^n$ 中向量的范数，$\|x\|=\max\limits_{1\leqslant i\leqslant n}|x_i|$。

定理 4.1　如果条件 $(H_1)-(H_4)$ 成立，且如下条件成立

(H_5) 存在一个常数 r_0，使得

$$\max_{1\leqslant i\leqslant n}\left\{\frac{\overline{c_i}+\underline{c_i}}{\underline{c_i}}\eta_i\right\}+L\max_{1\leqslant i\leqslant n}\{\overline{c_i}+\underline{c_i}\}\leqslant r_0,$$

$$0<\max_{1\leqslant i\leqslant n}\{\overline{\eta_i}\}<\min_{1\leqslant i\leqslant n}\left\{\frac{\underline{c_i}}{\overline{c_i}+\underline{c_i}}\right\}<\min_{1\leqslant i\leqslant n}\{\underline{c_i}\}<1+\max_{1\leqslant i\leqslant n}\{\overline{c_i}+\underline{c_i}\},$$

其中，$i,j,l=1,2,\cdots,n$，以及

$$\eta_i=\sum_{j=1}^{n}\Big[\overline{a_{ij}}(|f_j(0)|+\kappa_j r_0)+\overline{\alpha_{ij}}\beta_{ij}^{M}(|h_j(0)|+\vartheta_j r_0)+$$

$$(|g_j(0)|+\varepsilon_j r_0)\sum_{l=1}^{n}\overline{b_{ijl}}(|g_l(0)|+\varepsilon_l r_0)\Big],$$

$$\overline{\eta_i}=\sum_{j=1}^{n}\overline{a_{ij}}\kappa_j+\sum_{j=1}^{n}\overline{\alpha_{ij}}\beta_{ij}^{M}\vartheta_j+\sum_{j=1}^{n}\sum_{l=1}^{n}\overline{b_{ijl}}(N_l\varepsilon_j+N_j\varepsilon_l),$$

$$L=\max_{1\leqslant i\leqslant n}\left\{\frac{\overline{I_i}}{\underline{c_i}}\right\},\overline{c_i}=\sup_{t\in\mathbb{T}}c_i(t),\underline{c_i}=\inf_{t\in\mathbb{T}}c_i(t),$$

$$\overline{a_{ij}}=\sup_{t\in\mathbb{T}}a_{ij}(t),\overline{\alpha_{ij}}=\sup_{t\in\mathbb{T}}\alpha_{ij}(t),\overline{b_{ijl}}=\sup_{t\in\mathbb{T}}b_{ijl}(t),\overline{I_i}=\sup_{t\in\mathbb{T}}I_i(t),$$

则系统(4.1)在

$$E=\{\varphi\in PAP^1(\mathbb{T},\mathbb{R}^n,u):\|\varphi\|_{\infty}^{1}\leqslant r_0\}$$

中存在唯一的加权伪概周期解。

证明：对于任意给定的 $\varphi=(\varphi_1,\varphi_2,\cdots,\varphi_n)^{\mathrm{T}}\in PAP^1(\mathbb{T},\mathbb{R}^n,u)$，在时标上考虑如下的微分方程

$$x_i^{\Delta}(t)=-c_i(t)x_i(t)+\sum_{j=1}^{n}a_{ij}(t)f_j(\varphi_j(t-\gamma_{ij}))$$

$$
\begin{aligned}
&+\sum_{j=1}^{n}\alpha_{ij}(t)\int_{0}^{+\infty}\beta_{ij}(\theta)h_j(\varphi_j^{\Delta}(t-\theta))\Delta\theta\\
&+\sum_{j=1}^{n}\sum_{l=1}^{n}b_{ijl}(t)g_j(\varphi_j(t-\omega_{ijl}))g_l(\varphi_l(t-v_{ijl}))+I_i(t),\\
&t\in(0,+\infty)\cap\mathbb{T},
\end{aligned}\tag{4.2}
$$

以及它所对应的齐次方程

$$x_i^{\Delta}(t)=-c_i(t)x_i(t),i=1,2,\cdots,n.\tag{4.3}$$

显然

$$X(t)=\mathrm{diag}(\mathrm{e}_{-c_1}(t,\bar{t}),\cdots,\mathrm{e}_{-c_n}(t,\bar{t})),$$

其中，$\bar{t}=\min\{[0,+\infty)_{\mathbb{T}}\}$是系统(4.3)的一个基本解矩阵，而且，对于任意的$\sigma(s)\leqslant t$，有

$$
\begin{aligned}
\|X(t)X^{-1}(\sigma(s))\|&=\mathrm{diag}(\mathrm{e}_{-c_1}(t,\bar{t}),\cdots,\mathrm{e}_{-c_n}(t,\bar{t})\mathrm{diag}(\mathrm{e}_{-c_1}(\bar{t},\sigma(s)),\\
&\quad\cdots,\mathrm{e}_{-c_n}(\bar{t},\sigma(s)))\\
&=\mathrm{diag}(\mathrm{e}_{-c_1}(t,\sigma(s)),\cdots,\mathrm{e}_{-c_n}(t,\sigma(s)))\\
&=\mathrm{e}_{-c_1}(t,\sigma(s))+\cdots+\mathrm{e}_{-c_n}(t,\sigma(s)).
\end{aligned}
$$

容易看出

$$
1+\mu(t)(\ominus c_i)(t)=1+\mu(t)\frac{-c_i(t)}{1+\mu(t)c_i(t)}=\frac{1}{1+\mu(t)c_i(t)}>0,\quad i=1,2,\cdots,n,
$$

即 $\ominus c_i(i=1,2,\cdots,n)\in\Re^+$. 另一方面

$$-c_i(t)\leqslant\frac{-c_i(t)}{1+\mu(t)c_i(t)}=(\ominus c_i)(t),\ \forall t\in\mathbb{T},i=1,2,\cdots,n.$$

利用引理 2.14，可得

$$
\begin{aligned}
\|X(t)X^{-1}(\sigma(s))\|&\leqslant\mathrm{e}_{\ominus c_1}(t,\sigma(s))+\cdots+\mathrm{e}_{\ominus c_n}(t,\sigma(s))\\
&\leqslant n\mathrm{e}_{\ominus\alpha}(t,\sigma(s)).
\end{aligned}
$$

其中，$\alpha=\min\{\inf_{s\in\mathbb{T}}c_1(s),\cdots,\inf_{s\in\mathbb{T}}c_n(s)\}$. 即系统(4.3)满足时标上的指数二分性。由引理 3.1 与引理 3.2，可得

$$F(t)=(F_1(t),F_2(t),\cdots,F_n(t))^{\mathrm{T}}\in PAP(\mathbb{T},\mathbb{R}^n,u),$$

其中

$$
\begin{aligned}
F_i(t)=&\sum_{j=1}^{n}a_{ij}(t)f_j(\varphi_j(t-\gamma_{ij}))+\sum_{j=1}^{n}\alpha_{ij}(t)\int_{0}^{+\infty}\beta_{ij}(\theta)h_j(\varphi_j^{\Delta}(t-\theta))\Delta\theta\\
&+\sum_{j=1}^{n}\sum_{l=1}^{n}b_{ijl}(t)g_j(\varphi_j(t-\omega_{ijl}))g_l(\varphi_l(t-v_{ijl}))+I_i(t),i=1,2,\cdots,n.
\end{aligned}
$$

根据定理2.5，系统(4.2)有一个加权伪概周期解

$$x_{\varphi}(t)=\int_{-\infty}^{t}X(t)X^{-1}(\sigma(s))F(s)\Delta s=(x_{\varphi 1}(t),\cdots,x_{\varphi n}(t))^{\mathrm{T}},$$

其中

$$x_{\varphi i}(t)=\int_{-\infty}^{t}\mathrm{e}_{-c_i}(t,\sigma(s))F_i(s)\Delta s,i=1,2,\cdots,n.$$

此时，由引理2.16，还可得

$$x_{\varphi i}^{\Delta}(t)=-c_i(t)x_{\varphi i}(t)+F_i(t)\in PAP(\mathrm{T},\mathbb{R},u),i=1,2,\cdots,n,$$

即 $x_{\varphi}(t)\in PAP^1(\mathrm{T},\mathbb{R}^n,u)$。首先，在集合 E 上定义一个非线性算子，如下

$$\Phi(\varphi)(t)=x_{\varphi}(t),\forall\varphi\in PAP^1(\mathrm{T},\mathbb{R}^n,u).$$

其次，验证 $\Phi(E)\subset E$。此时，只需证明对于任意给定的 $\varphi\in E$，都有 $\|\Phi(\varphi)\|_{\infty}^{1}\leqslant r_0$ 成立，即可。由条件 $(H_1)-(H_5)$，可得

$$\begin{aligned}
&\|\Phi(\varphi)\|_{\infty}\\
&=\max_{1\leqslant i\leqslant n}\sup_{t\in\mathrm{T}}\{|\int_{-\infty}^{t}\mathrm{e}_{-c_i}(t,\sigma(s))(\sum_{j=1}^{n}a_{ij}(s)f_j(\varphi_j(s-\gamma_{ij}))\\
&\quad+\sum_{j=1}^{n}\alpha_{ij}(s)\int_{0}^{+\infty}\beta_{ij}(\theta)h_j(\varphi_j^{\Delta}(s-\theta))\Delta\theta\\
&\quad+\sum_{j=1}^{n}\sum_{l=1}^{n}b_{ijl}(s)g_j(\varphi_j(s-\omega_{ijl}))g_l(\varphi_l(s-v_{ijl}))+I_i(s))\Delta s|\}\\
&\leqslant\max_{1\leqslant i\leqslant n}\sup_{t\in\mathrm{T}}\{|\int_{-\infty}^{t}\mathrm{e}_{-c_i}(t,\sigma(s))(\sum_{j=1}^{n}a_{ij}(s)f_j(\varphi_j(s-\gamma_{ij}))\\
&\quad+\sum_{j=1}^{n}\overline{\alpha_{ij}}\int_{0}^{+\infty}\beta_{ij}(\theta)h_j(\varphi_j^{\Delta}(s-\theta))\Delta\theta\\
&\quad+\sum_{j=1}^{n}\sum_{l=1}^{n}\overline{b_{ijl}}g_j(\varphi_j(s-\omega_{ijl}))g_l(\varphi_l(s-v_{ijl})))\Delta s|\}+\max_{1\leqslant i\leqslant n}\frac{\overline{I_i}}{\underline{c_i}}\\
&\leqslant\max_{1\leqslant i\leqslant n}\sup_{t\in\mathrm{T}}\{|\int_{-\infty}^{t}\mathrm{e}_{-c_i}(t,\sigma(s))(\sum_{j=1}^{n}a_{ij}(s)(|f_j(0)|+\kappa_j|\varphi_j(s-\gamma_{ij})|)\\
&\quad+\sum_{j=1}^{n}\overline{\alpha_{ij}}\int_{0}^{+\infty}\beta_{ij}(\theta)(|h_j(0)|+\vartheta_j|\varphi_j^{\Delta}(s-\theta)|)\Delta\theta\\
&\quad+\sum_{j=1}^{n}\sum_{l=1}^{n}\overline{b_{ijl}}(|g_j(0)|+\varepsilon_j|\varphi_j(s-\omega_{ijl})|)\\
&\quad\times(|g_l(0)|+\varepsilon_l|\varphi_l(s-v_{ijl})|)\Delta s|\}+L\\
&\leqslant\max_{1\leqslant i\leqslant n}\sup_{t\in\mathrm{T}}\{|\int_{-\infty}^{t}\mathrm{e}_{-c_i}(t,\sigma(s))(\sum_{j=1}^{n}a_{ij}(s)(|f_j(0)|+\kappa_j r_0)
\end{aligned}$$

$$+\sum_{j=1}^{n}\overline{\alpha_{ij}}\int_{0}^{+\infty}\beta_{ij}(\theta)(|h_j(0)|+\vartheta_j r_0)\Delta\theta$$

$$+\sum_{j=1}^{n}\sum_{l=1}^{n}\overline{b_{ijl}}(|g_j(0)|+\varepsilon_j r_0)\times(|g_l(0)|+\varepsilon_l r_0)\Delta s|\}+L$$

$$\leqslant\max_{1\leqslant i\leqslant n}\left\{\frac{\eta_i}{\underline{c_i}}\right\}+L\leqslant\max_{1\leqslant i\leqslant n}\left\{\frac{\overline{c_i}+\underline{c_i}}{\underline{c_i}}\eta_i\right\}+L\max_{1\leqslant i\leqslant n}\{\overline{c_i}+\underline{c_i}\}\leqslant r_0. \tag{4.4}$$

由引理 2.12 与引理 2.13,可得

$$\|(\Phi(\varphi))^{\Delta}\|_{\infty}$$

$$=\max_{1\leqslant i\leqslant n}\sup_{t\in\mathbb{T}}\{|(\sum_{j=1}^{n}[a_{ij}(t)f_j(\varphi_j(t-\gamma_{ij}))$$

$$+\alpha_{ij}(t)\int_{0}^{+\infty}\beta_{ij}(\theta)h_j(\varphi_j^{\Delta}(t-\theta))\Delta\theta]$$

$$+\sum_{j=1}^{n}\sum_{l=1}^{n}b_{ijl}(t)g_j(\varphi_j(t-\omega_{ijl}))g_l(\varphi_l(t-v_{ijl}))+I_i(t))$$

$$+\int_{-\infty}^{t}-c_i(t)e_{-c_i}(t,\sigma(s))(\sum_{j=1}^{n}a_{ij}(s)f_j(\varphi_j(s-\gamma_{ij}))$$

$$+\sum_{j=1}^{n}\alpha_{ij}(s)\int_{0}^{+\infty}\beta_{ij}(\theta)h_j(\varphi_j^{\Delta}(s-\theta))\Delta\theta$$

$$+\sum_{j=1}^{n}\sum_{l=1}^{n}b_{ijl}(s)g_j(\varphi_j(s-\omega_{ijl}))g_l(\varphi_l(s-v_{ijl}))+I_i(s))\Delta s|\}$$

$$\leqslant\max_{1\leqslant i\leqslant n}\sup_{t\in\mathbb{T}}\{\sum_{j=1}^{n}\overline{a_{ij}}(|f_j(0)|+\kappa_j|\varphi_j(t-\gamma_{ij})|)$$

$$+\sum_{j=1}^{n}\overline{\alpha_{ij}}\int_{0}^{+\infty}|\beta_{ij}(\theta)|(|h_j(0)|+\vartheta_j|\varphi_j^{\Delta}(t-\theta)|)\Delta\theta$$

$$+\sum_{j=1}^{n}\sum_{l=1}^{n}\overline{b_{ijl}}(|g_j(0)|+\varepsilon_j|\varphi_j(t-\omega_{ijl})|)$$

$$\times(|g_l(0)|+\varepsilon_l|\varphi_l(t-v_{ijl})|)+I_i(t)$$

$$+\overline{c_i}[\int_{-\infty}^{t}e_{-c_i}(t,\sigma(s))(\sum_{j=1}^{n}\overline{a_{ij}}(|f_j(0)|+\kappa_j|\varphi_j(s-\gamma_{ij})|)$$

$$+\sum_{j=1}^{n}\overline{\alpha_{ij}}\int_{0}^{+\infty}|\beta_{ij}(\theta)|(|h_j(0)|+\vartheta_j|\varphi_j^{\Delta}(s-\theta)|)\Delta\theta$$

$$+\sum_{j=1}^{n}\sum_{l=1}^{n}\overline{b_{ijl}}(|g_j(0)|+\varepsilon_j|\varphi_j(s-\omega_{ijl})|)$$

$$\times(|g_l(0)|+\varepsilon_l|\varphi_l(s-v_{ijl})|)\Delta s]\}+L\max_{1\leqslant i\leqslant n}\{\overline{c_i}\}$$

$$\leqslant \max_{1\leqslant i\leqslant n}\{\frac{\overline{c_i}+\overline{c_i}}{\underline{c_i}}[\sum_{j=1}^{n}\overline{a_{ij}}(|f_j(0)|+\kappa_j r_0)$$

$$+\sum_{j=1}^{n}\overline{\alpha_{ij}}\beta_{ij}^{M}(|h_j(0)|+\vartheta_j r_0)$$

$$+\sum_{j=1}^{n}\sum_{l=1}^{n}\overline{b_{ijl}}(|g_j(0)|+\varepsilon_j r_0)(|g_l(0)|+\varepsilon_l r_0)]\}+L\max_{1\leqslant i\leqslant n}\{\overline{c_i}+\overline{c_i}\}$$

$$<\max_{1\leqslant i\leqslant n}\{\frac{\overline{c_i}+\overline{c_i}}{\underline{c_i}}\eta_i\}+L\max_{1\leqslant i\leqslant n}\{\overline{c_i}+\overline{c_i}\}\leqslant r_0. \tag{4.5}$$

由式(4.4)与式(4.5),可得

$$\|\Phi(\varphi)\|_{\infty}^{1}=\max\{\|\Phi(\varphi)\|_{\infty},\|(\Phi(\varphi))^{\Delta}\|_{\infty}\}\leqslant r_0,$$

即 $\Phi(E)\subset E$.

任取 $\varphi,\psi\in E$,再结合考虑条件(H_1)与条件(H_5),可得

$$\|\Phi(\varphi)-\Phi(\psi)\|_{\infty}$$

$$=\sup_{t\in\mathbb{T}}\max_{1\leqslant i\leqslant n}\{|\int_{-\infty}^{t}e_{-c_i}(t,\sigma(s))(\sum_{j=1}^{n}a_{ij}(s)[f_j(\varphi_j(s-\gamma_{ij}))$$

$$-f_j(\psi_j(s-\gamma_{ij}))]$$

$$+\sum_{j=1}^{n}\alpha_{ij}(s)\int_{0}^{+\infty}\beta_{ij}(\theta)[h_j(\varphi_j^{\Delta}(s-\theta))-h_j(\psi_j^{\Delta}(s-\theta))]\Delta\theta$$

$$+\sum_{j=1}^{n}\sum_{l=1}^{n}b_{ijl}(s)g_j(\varphi_j(s-\omega_{ijl}))g_l(\varphi_l(s-v_{ijl}))$$

$$-\sum_{j=1}^{n}\sum_{l=1}^{n}b_{ijl}(s)g_j(\psi_j(s-\omega_{ijl}))g_l(\psi_l(s-v_{ijl})))\Delta s|\}$$

$$\leqslant\sup_{t\in\mathbb{T}}\max_{1\leqslant i\leqslant n}\{\int_{-\infty}^{t}e_{-c_i}(t,\sigma(s))(\sum_{j=1}^{n}\overline{a_{ij}}\kappa_j|\varphi_j(s-\gamma_{ij})-\psi_j(s-\gamma_{ij})|$$

$$+\sum_{j=1}^{n}\overline{\alpha_{ij}}\vartheta_j\int_{0}^{+\infty}|\beta_{ij}(\theta)||\varphi_j^{\Delta}(s-\theta)-\psi_j^{\Delta}(s-\theta)|\Delta\theta$$

$$+\sum_{j=1}^{n}\sum_{l=1}^{n}\overline{b_{ijl}}\varepsilon_j|\varphi_j(s-\omega_{ijl})-\psi_j(s-\omega_{ijl})||g_l(\varphi_l(s-v_{ijl}))|$$

$$+\sum_{j=1}^{n}\sum_{l=1}^{n}\overline{b_{ijl}}\varepsilon_l|\varphi_l(s-v_{ijl})-\psi_l(s-v_{ijl})||g_j(\varphi_j(s-\omega_{ijl}))|)\Delta s\}$$

$$\leqslant\sup_{t\in\mathbb{T}}\max_{1\leqslant i\leqslant n}\{|\int_{-\infty}^{t}e_{-c_i}(t,\sigma(s))(\sum_{j=1}^{n}\overline{a_{ij}}\kappa_j+\sum_{j=1}^{n}\overline{\alpha_{ij}}\beta_{ij}^{M}\vartheta_j$$

$$+\sum_{j=1}^{n}\sum_{l=1}^{n}\overline{b_{ijl}}(N_l\varepsilon_j+N_j\varepsilon_l))\|\varphi-\psi\|_{\infty}^{1}\Delta s\}$$

$$\leqslant \frac{\max\limits_{1\leqslant i\leqslant n}\{\overline{\eta_i}\}}{\min\limits_{1\leqslant i\leqslant n}\{\underline{c_i}\}}\|\varphi-\psi\|_{\infty}^{1}<\|\varphi-\psi\|_{\infty}^{1}. \tag{4.6}$$

同理,由引理 2.12 与引理 2.13,还可得

$$\|(\Phi(\varphi)-\Phi(\psi))^{\Delta}\|$$

$$=\sup_{t\in\mathbb{T}}\max_{1\leqslant i\leqslant n}\{|(\sum_{j=1}^{n}a_{ij}(t)[f_j(\varphi_j(t-\gamma_{ij}))-f_j(\psi_j(t-\gamma_{ij}))]$$
$$+\sum_{j=1}^{n}\alpha_{ij}(t)\int_{0}^{+\infty}\beta_{ij}(\theta)[h_j(\varphi_j^{\Delta}(t-\theta))-h_j(\varphi_j^{\Delta}(t-\theta))]\Delta\theta$$
$$+\sum_{j=1}^{n}\sum_{l=1}^{n}b_{ijl}(t)g_j(\varphi_j(t-\omega_{ijl}))g_l(\varphi_l(t-v_{ijl}))$$
$$-\sum_{j=1}^{n}\sum_{l=1}^{n}b_{ijl}(t)g_j(\psi_j(t-\omega_{ijl}))g_l(\psi_l(t-v_{ijl})))$$
$$+\int_{-\infty}^{t}-c_i(t)e_{-c_i}(t,\sigma(s))(\sum_{j=1}^{n}a_{ij}(s)[f_j(\varphi_j(s-\gamma_{ij}))-f_j(\psi_j(s-\gamma_{ij}))]$$
$$+\sum_{j=1}^{n}\alpha_{ij}(s)\int_{0}^{+\infty}\beta_{ij}(\theta)[h_j(\varphi_j^{\Delta}(s-\theta))-h_j(\psi_j^{\Delta}(s-\theta))]\Delta\theta$$
$$+\sum_{j=1}^{n}\sum_{l=1}^{n}b_{ijl}(s)g_j(\varphi_j(s-\omega_{ijl}))g_l(\varphi_l(s-v_{ijl}))$$
$$-\sum_{j=1}^{n}\sum_{l=1}^{n}b_{ijl}(s)g_j(\psi_j(s-\omega_{ijl}))g_l(\psi_l(s-v_{ijl})))\Delta s\,|\}$$

$$\leqslant\sup_{t\in\mathbb{T}}\max_{1\leqslant i\leqslant n}\{\frac{\overline{c_i}+\underline{c_i}}{\underline{c_i}}[\sum_{j=1}^{n}\overline{a_{ij}}\kappa_j\,|\,\varphi_j(t-\gamma_{ij})-\psi_j(t-\gamma_{ij})\,|$$
$$+\sum_{j=1}^{n}\overline{\alpha_{ij}}\vartheta_j\int_{0}^{+\infty}\beta_{ij}(\theta)\,|\,\varphi_j^{\Delta}(t-\theta)-\psi_j^{\Delta}(t-\theta)\,|\,\Delta\theta$$
$$+\sum_{j=1}^{n}\sum_{l=1}^{n}\overline{b_{ijl}}\varepsilon_j\,|\,\varphi_j(t-\omega_{ijl})-\psi_j(t-\omega_{ijl})\|g_l(\varphi_l(t-v_{ijl}))\,|$$
$$+\sum_{j=1}^{n}\sum_{l=1}^{n}\overline{b_{ijl}}\varepsilon_l\,|\,\varphi_l(t-v_{ijl})-\psi_l(t-v_{ijl})\|g_j(\varphi_j(t-\omega_{ijl}))\,|\}$$

$$\leqslant\max_{1\leqslant i\leqslant n}\left\{\frac{\overline{c_i}+\underline{c_i}}{\underline{c_i}}\overline{\eta_i}\right\}\|\varphi-\psi\|_{\infty}^{1}<\|\varphi-\psi\|_{\infty}^{1}. \tag{4.7}$$

从式(4.6)与式(4.7),可得:非线性算子 Φ 是一个从 E 到它自身的压缩映射。又因为 E 是$(PAP^1(\mathbb{T},\mathbb{R}^n,u),\|\cdot\|_{\infty}^{1})$的一个闭子空间,所以,$\Phi$ 在 E 中存在唯一的不动点,即系统(4.1)在 E 中存在唯一的加权伪概周期解。

注 4.1 由巴那赫空间$(PAP^1(\mathbb{T},\mathbb{R}^n,u),\|\cdot\|_\infty^1)$的定义,以及定理 4.1 的证明过程,可以看到,系统(4.1)不仅在域 $E=\{\varphi\in PAP^1(\mathbb{T},\mathbb{R}^n,u):\|\varphi\|_\infty^1\leqslant r_0\}$中存在唯一的加权伪概周期解,而且该加权伪概周期解同时也是系统(4.1)的一阶加权伪概周期解。

注 4.2 由于$(AP^1(\mathbb{T},\mathbb{R}^n),\|\cdot\|_\infty^1)$与$(PAP^1(\mathbb{T},\mathbb{R}^n),\|\cdot\|_\infty^1)$都是巴拿赫空间,与定理 4.1 类似,采用不动点定理,也可以讨论系统(4.1)的概周期解与伪概周期解的存在性,从中可以得出这样一个结论:若时标上的中立型神经网络满足一定的条件,当神经网络的外部输入函数分别是时标上的概周期函数与伪概周期函数时,系统分别存在唯一的概周期解与伪概周期解。

当 $\alpha_{ij}(t)\equiv 0$ 时,系统(4.1)可以退化为如下的非中立型高阶 Hopfield 神经网络

$$\begin{aligned}x_i^{\Delta}(t)=&-c_i(t)x_i(t)+\sum_{j=1}^{n}a_{ij}(t)f_j(x_j(t-\gamma_{ij}))\\&+\sum_{j=1}^{n}\sum_{l=1}^{n}b_{ijl}(t)g_j(x_j(t-\omega_{ijl}))g_l(x_l(t-v_{ijl}))\\&+I_i(t),t\in(0,\infty)\cap\mathbb{T}.\end{aligned}\tag{4.8}$$

用于第 3 章一样的方法,可以探讨系统(4.8)的加权伪概周期解的存在性,得出与定理 4.1 类似的结论,因此,可以认为系统(4.1)是系统(4.8)的一个推广,具有更强的应用价值。

4.4 时标上具有中立型时滞的高阶 Hopfield 神经网络的加权伪概周期解的全局指数稳定性

在这一小节中,将主要讨论系统(4.1)的加权伪概周期解的全局指数稳定性。

定义 4.1 称系统(4.1)满足初值条件

$$\varphi^*(t)=(\varphi_1^*(t),\varphi_2^*(t),\cdots,\varphi_n^*(t))^{\mathrm{T}}$$

的加权伪概周期解

$$x^*(t)=(x_1^*(t),x_2^*(t),\cdots,x_n^*(t))^{\mathrm{T}}$$

在时标上满足指数二分性,是指,存在一个正常数 λ 满足 $\ominus\lambda\in\Re^+$,以及

常数 $M>1$,使得系统(4.1)的满足任意初值条件 $\varphi(t)=(\varphi_1(t),\varphi_2(t),\cdots,\varphi_n(t))^{\mathrm{T}}$ 的每一个解 $x(t)=(x_1(t),x_2(t),\cdots,x_n(t))^{\mathrm{T}}$ 都满足

$$\|x(t)-x^*(t)\|_{\infty}^{1}\leqslant Me_{\ominus\lambda}(t,t_0)\|\psi\|_{\infty}^{1},\forall t\in(0,+\infty)_{\mathrm{T}},$$

其中

$$\|\psi\|_{\infty}^{1}=\max\{\sup_{t\in(-\infty,0]_{\mathrm{T}}}\max_{1\leqslant i\leqslant n}|\varphi_i(t)-\varphi_i^*(t)|,\sup_{t\in(-\infty,0]_{\mathrm{T}}}\max_{1\leqslant i\leqslant n}|\varphi_i^{\Delta}(t)-(\varphi_i^*)^{\Delta}(t)|\},$$

而 $t_0=\max\{(-\infty,0]_{\mathrm{T}}\}$.

定理 4.2 若条件$(H_1)-(H_5)$成立,则系统(4.1)存在唯一的加权伪概周期解 $x^*(t)$,且 $x^*(t)$在时标上满足指数二分性。

证明:由定理 4.1,系统(4.1)存在唯一的加权伪概周期解

$$x^*(t)=(x_1^*(t),x_2^*(t),\cdots,x_n^*(t))^{\mathrm{T}},$$

假设

$$x(t)=(x_1(t),x_2(t),\cdots,x_n(t))^{\mathrm{T}}$$

是系统(4.1)的任意一个解。由系统(4.1)直接可以得到

$$\begin{aligned}
&y_i^{\Delta}(s)+c_i(s)y_i(s)\\
&=\sum_{j=1}^{n}a_{ij}(s)[f_j(y_j(s-\gamma_{ij})+x_j^*(s-\gamma_{ij}))-f_j(x_j^*(s-\gamma_{ij}))]\\
&\quad+\sum_{j=1}^{n}\alpha_{ij}(s)\int_0^{+\infty}\beta_{ij}(\theta)[h_j(y_j^{\Delta}(s-\theta)+(x_j^*)^{\Delta}(s-\theta))-h_j((x_j^*)^{\Delta}(s-\theta))]\Delta\theta\\
&\quad+\sum_{j=1}^{n}\sum_{l=1}^{n}b_{ijl}(s)\{[g_j(y_j(s-\omega_{ijl})+x_j^*(s-\omega_{ijl}))\\
&\quad-g_j(x_j^*(s-\omega_{ijl}))]\times g_l(y_l(s-v_{ijl})+x_l^*(s-v_{ijl}))\\
&\quad+[g_l(y_l(s-v_{ijl})+x_l^*(s-v_{ijl}))-g_l(x_l^*(s-v_{ijl}))]g_j(x_j^*(s-\omega_{ijl}))\}.
\end{aligned}\tag{4.9}$$

其中,$y_i(s)=x_i(s)-x_i^*(s)(i=1,2,\cdots,n)$. 系统(4.9)的初值条件为

$$\psi_i(s)=\varphi_i(s)-x_i^*(s),s\in(-\infty,0]_{\mathrm{T}},i=1,2,\cdots,n.$$

定义函数 H_i 与函数 H_i^* 如下

$$\begin{aligned}
H_i(\zeta)=\underline{c_i}-\zeta-\exp(\zeta\sup_{s\in\mathrm{T}}\mu(s))\{&\sum_{j=1}^{n}\overline{a_{ij}}\kappa_j\exp(\zeta\gamma)\\
&-\sum_{j=1}^{n}\overline{\alpha_{ij}}\vartheta_j\int_0^{+\infty}|\beta_{ij}(\theta)|\exp(\zeta\theta)\Delta\theta\\
&-\sum_{j=1}^{n}\sum_{l=1}^{n}\overline{b_{ijl}}[\varepsilon_jN_l\exp(\zeta\omega)+\varepsilon_lN_j\exp(\zeta v)]\},
\end{aligned}$$

其中，$\gamma=\max\limits_{1\leqslant i,j\leqslant n}\gamma_{ij}$，$\omega=\max\limits_{1\leqslant i,j,l}\omega_{ijl}$，$v=\max\limits_{1\leqslant i,j,l}v_{ijl}$，以及

$$H_i^*(\zeta)=\underline{c_i}-\zeta-(\overline{c_i}\exp(\zeta\sup_{s\in\mathbb{T}}\mu(s))+\overline{c_i}-\zeta)\{\sum_{j=1}^{n}\overline{a_{ij}}\kappa_j\exp(\zeta\gamma)$$
$$-\sum_{j=1}^{n}\overline{\alpha_{ij}}\vartheta_j\int_0^{+\infty}|\beta_{ij}(\theta)|\exp(\zeta\theta)\Delta\theta$$
$$-\sum_{j=1}^{n}\sum_{l=1}^{n}\overline{b_{ijl}}[\varepsilon_j N_l\exp(\zeta\omega)+\varepsilon_l N_j\exp(\zeta v)]\}.$$

其中，$i=1,2,\cdots,n$，$\zeta\in[0,+\infty)$. 由条件(H_4)，可得

$$\begin{aligned}
&H_i(0)\\
&=\underline{c_i}-\Big[\sum_{j=1}^{n}\overline{a_{ij}}\kappa_j+\sum_{j=1}^{n}\overline{\alpha_{ij}}\vartheta_j\int_0^{+\infty}|\beta_{ij}(\theta)|\Delta\theta+\sum_{j=1}^{n}\sum_{l=1}^{n}\overline{b_{ijl}}(\varepsilon_j N_l+\varepsilon_l N_j)\Big]\\
&\geqslant\underline{c_i}-\Big[\sum_{j=1}^{n}\overline{a_{ij}}\kappa_j+\sum_{j=1}^{n}\overline{\alpha_{ij}}\vartheta_j k_{ij}^M+\sum_{j=1}^{n}\sum_{l=1}^{n}\overline{b_{ijl}}(\varepsilon_j N_l+\varepsilon_l N_j)\Big]\\
&=\underline{c_i}-\overline{\eta_i}>0,i=1,2,\cdots,n.
\end{aligned}$$

$$\begin{aligned}
&H_i(0)=\underline{c_i}\\
&-(\underline{c_i}+\overline{c_i})\Big[\sum_{j=1}^{n}\overline{a_{ij}}\kappa_j+\sum_{j=1}^{n}\overline{\alpha_{ij}}\vartheta_j\int_0^{+\infty}|\beta_{ij}(\theta)|\Delta\theta+\sum_{j=1}^{n}\sum_{l=1}^{n}\overline{b_{ijl}}(\varepsilon_j N_l+\varepsilon_l N_j)\Big]\\
&\geqslant\underline{c_i}-(\underline{c_i}+\overline{c_i})\Big[\sum_{j=1}^{n}\overline{a_{ij}}\kappa_j+\sum_{j=1}^{n}\overline{\alpha_{ij}}\vartheta_j k_{ij}^M+\sum_{j=1}^{n}\sum_{l=1}^{n}\overline{b_{ijl}}(\varepsilon_j N_l+\varepsilon_l N_j)\Big]\\
&=\underline{c_i}-(\underline{c_i}+\overline{c_i})\overline{\eta_i}>0,i=1,2,\cdots,n.
\end{aligned}$$

因为 H_i，H_i^* 都在$[0,+\infty)$上连续，且，当 $\zeta\to+\infty$时，$H_i(\zeta)$，$H_i^*(\zeta)\to-\infty$成立，所以，存在常数 ζ_i，$\zeta_i^*>0$，使得 $H_i(\zeta_i)=H_i^*(\zeta_i^*)=0$，且当 $\zeta\in(0,\zeta_i)$时，$H_i(\zeta)>0$；当 $\zeta\in(0,\zeta_i^*)$时，$H_i^*(\zeta)>0$. 若令 $\xi=\{\zeta_1,\zeta_2,\cdots,\zeta_n,\zeta_1^*,\zeta_2^*,\cdots,\zeta_n^*\}$，则可得

$$H_i(\xi)\geqslant 0,H_i^*(\xi)\geqslant 0,i=1,2,\cdots,n.$$

所以，可以选择一个常数 $0<\lambda<\min\{\xi,\min\limits_{1\leqslant i\leqslant n}\{\overline{c_i}\}\}$，使得下式成立

$$H_i(\lambda)>0,H_i^*(\lambda)>0,i=1,2,\cdots,n,$$

即

$$\begin{aligned}
&\frac{\exp(\lambda\sup_{s\in\mathbb{T}}\mu(s))}{\underline{c_i}-\lambda}\{\sum_{j=1}^{n}\overline{a_{ij}}\kappa_j\exp(\lambda\gamma)+\sum_{j=1}^{n}\overline{\alpha_{ij}}\vartheta_j\int_0^{+\infty}|\beta_{ij}(\theta)|\exp(\lambda\theta)\Delta\theta\\
&+\sum_{j=1}^{n}\sum_{l=1}^{n}\overline{b_{ijl}}[\varepsilon_j N_l\exp(\lambda\omega)+\varepsilon_l N_j\exp(\lambda v)]\}<1,
\end{aligned}\tag{4.10}$$

$$\left(\frac{\overline{c_i}\exp(\lambda \sup\limits_{s\in\mathbb{T}}\mu(s))}{\underline{c_i}-\lambda}+1\right)\Big\{\sum_{j=1}^{n}\overline{a_{ij}}\kappa_j\exp(\lambda\gamma)+\sum_{j=1}^{n}\overline{\alpha_{ij}}\vartheta_j\int_0^{+\infty}$$

$$|\beta_{ij}(\theta)|\exp(\lambda\theta)\Delta\theta+\sum_{j=1}^{n}\sum_{l=1}^{n}\overline{b_{ijl}}[\varepsilon_j N_l\exp(\lambda\omega)+\varepsilon_l N_j\exp(\lambda v)]\Big\}<1. \tag{4.11}$$

令

$$M=\max_{1\leqslant i\leqslant n}\left\{\frac{\underline{c_i}}{\sum_{j=1}^{n}\overline{a_{ij}}\kappa_j+\sum_{j=1}^{n}\overline{\alpha_{ij}}\vartheta_j\int_0^{+\infty}|\beta_{ij}(\theta)|\Delta\theta+\sum_{j=1}^{n}\sum_{l=1}^{n}\overline{b_{ijl}}(\varepsilon_j N_l+\varepsilon_l N_j)}\right\}.$$

由条件(H_4),可以得到 $M>1$. 因此

$$\frac{1}{M}-\frac{\exp(\lambda \sup\limits_{s\in\mathbb{T}}\mu(s))}{\underline{c_i}-\lambda}\Big\{\sum_{j=1}^{n}\overline{a_{ij}}k_j\exp(\lambda\gamma)+\sum_{j=1}^{n}\overline{\alpha_{ij}}\vartheta_j\int_0^{+}|\beta_{ij}(\theta)|\exp(\lambda\theta)\Delta\theta$$

$$+\sum_{j=1}^{n}\sum_{l=1}^{n}\overline{b_{ijl}}[\varepsilon_j N_l\exp(\lambda\omega)+\varepsilon_l N_j\exp(\lambda v)]\Big\}\leqslant 0.$$

式(4.9)两边同时乘以 $e_{-c_i}(t_0,\sigma(s))$后,从 t_0 积分到 t,使用引理 2.2 后,得到

$$\begin{aligned}
y_i(t)={}&y_i(t_0)e_{-c_i}(t,t_0)\\
&+\int_{t_0}^{t}e_{-c_i}(t,\sigma(s))\Big\{\sum_{j=1}^{n}a_{ij}(s)[f_j(y_j(s-\gamma_{ij})+x_j^*(s-\gamma_{ij}))\\
&-f_j(x_j^*(s-\gamma_{ij}))]\\
&+\sum_{j=1}^{n}\alpha_{ij}(s)\int_0^{+\infty}\beta_{ij}(\theta)[h_j(y_j^{\Delta}(s-\theta)+(x_j^*)^{\Delta}(s-\theta))\\
&-h_j((x_j^*)^{\Delta}(s-\theta))]\Delta\theta\\
&+\sum_{j=1}^{n}\sum_{l=1}^{n}b_{ijl}(s)[g_j(y_j(s-\omega_{ijl})+x_j^*(s-\omega_{ijl}))\\
&-g_j(x_j^*(s-\omega_{ijl}))]\times g_l(y_l(s-v_{ijl})+x_l^*(s-v_{ijl}))\\
&+\sum_{j=1}^{n}\sum_{l=1}^{n}b_{ijl}(s)[g_l(y_l(s-v_{ijl})+x_l^*(s-v_{ijl}))\\
&-g_l(x_l^*(s-v_{ijl}))]\times g_j(x_j^*(s-\omega_{ijl}))\Big\}\Delta s,\ i=1,2,\cdots,n.
\end{aligned} \tag{4.12}$$

此时,易有

$$\|y(t)\|_{\infty}^{1}=\|\psi(t)\|_{\infty}^{1}\leqslant\|\psi\|_{\infty}^{1}\leqslant M\mathrm{e}_{\ominus\lambda}(t,t_0)\|\psi\|_{\infty}^{1},\forall t\in(-\infty,0]_{\mathbb{T}}。$$

其中,$\lambda\in\Re^{+}$。现断言

$$\|y(t)\|_{\infty}^{1}\leqslant M\mathrm{e}_{\ominus\lambda}(t,t_0)\|\psi\|_{\infty}^{1},\forall t\in(0,+\infty).\tag{4.13}$$

如果式(4.13)不成立,则存在某点 $t_1\in(0,+\infty)_{\mathbb{T}}$,以及自然数 $i,\mathbb{R}\in\{1,2,\cdots,n\}$,以及常数 $p>1$,使得

$$\begin{aligned}\|y(t_1)\|_{\infty}^{1}&=\max\{\|y(t_1)\|_{\infty},\|y^{\Delta}(t_1)\|_{\infty}\}=\max\{|y_i(t_1)|,|y_{\mathbb{R}}^{\Delta}(t_1)|\}\\&=PM\mathrm{e}_{\ominus\lambda}(t_1,t_0)\|\psi\|_{\infty}^{1},\end{aligned}\tag{4.14}$$

以及

$$\|y(t)\|_{\infty}^{1}\leqslant PM\mathrm{e}_{\ominus\lambda}(t,t_0)\|\psi\|_{\infty}^{1},t\in(-\infty,t_1]_{\mathbb{T}}.\tag{4.15}$$

同时成立。

由式(4.12)~式(4.15),以及条件$(H_2)-(H_5)$,可得

$$\begin{aligned}&|y_i(t_1)|\\&\leqslant\mathrm{e}_{-c_i}(t_1,t_0)\|\psi\|_{\infty}^{1}+\int_{t_0}^{t_1}pM\|\psi\|_{\infty}^{1}\mathrm{e}_{-c_i}(t_1,\sigma(s))\mathrm{e}_{\ominus\lambda}(t_1,t_0)\mathrm{e}_{\lambda}(t_1,\sigma(s))\\&\times(\sum_{j=1}^{n}\overline{a_{ij}}\kappa_j\mathrm{e}_{\lambda}(\sigma(s),s-\gamma_{ij})+\sum_{j=1}^{n}\overline{\alpha_{ij}}\vartheta_j\int_{0}^{+\infty}|\beta_{ij}(\theta)|\mathrm{e}_{\lambda}(\sigma(s),s-\theta)\Delta\theta\\&+\sum_{j=1}^{n}\sum_{l=1}^{n}\overline{b_{ijl}}[\varepsilon_jN_l\mathrm{e}_{\lambda}(\sigma(s),s-\omega_{ijl})+\varepsilon_lN_j\mathrm{e}_{\lambda}(\sigma(s),s-v_{ijl})])\Delta s\\&\leqslant PM\mathrm{e}_{\ominus\lambda}(t_1,t_0)\|\psi\|_{\infty}^{1}\Big\{\frac{1}{PM}\mathrm{e}_{-c_i}(t_1,t_0)\mathrm{e}_{\ominus\lambda}(t_0,t_1)\\&+\int_{t_0}^{t_1}\mathrm{e}_{-c_i}(t_1,\sigma(s))\mathrm{e}_{\lambda}(t_1,t_0)(\sum_{j=1}^{n}\overline{a_{ij}}\kappa_j\exp(\lambda(\gamma+\sup_{s\in\mathbb{T}}\mu(s)))\\&+\sum_{j=1}^{n}\overline{\alpha_{ij}}\vartheta_j\int_{0}^{+\infty}|\beta_{ij}(\theta)|\exp(\lambda(\theta+\sup_{s\in\mathbb{T}}\mu(s)))\\&+\sum_{j=1}^{n}\sum_{l=1}^{n}\overline{b_{ijl}}[\varepsilon_jN_l\exp(\lambda(\omega+\sup_{s\in\mathbb{T}}\mu(s)))\\&+\varepsilon_lN_j\exp(\lambda(v+\sup_{s\in\mathbb{T}}\mu(s)))])\Delta s\Big\}\\&<PM\mathrm{e}_{\ominus\lambda}(t_1,t_0)\|\psi\|_{\infty}^{1}\{\frac{1}{M}\mathrm{e}_{-c_i\oplus\lambda}(t_1,t_0)\\&+\exp(\lambda\sup_{s\in\mathbb{T}}\mu(s))(\sum_{j=1}^{n}\overline{a_{ij}}\kappa_j\exp(\lambda\gamma)+\sum_{j=1}^{n}\overline{\alpha_{ij}}\vartheta_j\int_{0}^{+\infty}|\beta_{ij}(\theta)|\exp(\lambda\theta)\Delta\theta\\&+\sum_{j=1}^{n}\sum_{l=1}^{n}\overline{b_{ijl}}[\varepsilon_jN_l\exp(\lambda\omega)+\varepsilon_lN_j\exp(\lambda v)])\int_{t_0}^{t}\mathrm{e}_{-c_i\oplus\lambda}(t_1,\sigma(s))\Delta s\}\end{aligned}$$

$$\leqslant PMe_{\ominus\lambda}(t_1,t_0)\|\psi\|_{\infty}^{1}\Big\{\Big[\frac{1}{M}-\frac{\exp(\lambda\sup_{s\in\mathbb{T}}\mu(s))}{\overline{c_i}-\lambda}(\sum_{j=1}^{n}\overline{a_{ij}}\kappa_j\exp(\lambda\gamma)$$

$$+\sum_{j=1}^{n}\overline{\alpha_{ij}}\vartheta_j\int_0^{+\infty}|\beta_{ij}(\theta)|\exp(\lambda\theta)\Delta\theta$$

$$+\sum_{j=1}^{n}\sum_{l=1}^{n}\overline{b_{ijl}}[\varepsilon_jN_l\exp(\lambda\omega)+\varepsilon_lN_j\exp(\lambda v)])\Big]e_{-c_i\oplus\lambda}(t_1,t_0)$$

$$+\frac{\exp(\lambda\sup_{s\in\mathbb{T}}\mu(s))}{\overline{c_i}-\lambda}(\sum_{j=1}^{n}\overline{a_{ij}}\kappa_j\exp(\lambda\gamma)+\sum_{j=1}^{n}\overline{\alpha_{ij}}\vartheta_j\int_0^{+\infty}|\beta_{ij}(\theta)|\exp(\lambda\theta)\Delta\theta$$

$$+\sum_{j=1}^{n}\sum_{l=1}^{n}\overline{b_{ijl}}[\varepsilon_jN_l\exp(\lambda\omega)+\varepsilon_lN_j\exp(\lambda v)])\Big\}$$

$$<PMe_{\ominus\lambda}(t_1,t_0)\|\psi\|_{\infty}^{1}. \tag{4.16}$$

使用引理 2.16，直接对式(4.12)两边求导后，可得

$$y_{\mathbb{R}}^{\Delta}(t)=-c_{\mathbb{R}}(t)y_{\mathbb{R}}(t_0)e_{-c_{\mathbb{R}}}(t,t_0)$$

$$+\{\sum_{j=1}^{n}a_{\mathbb{R}j}(t)[f_j(y_j(t-\gamma_{\mathbb{R}j})+x_j^*(t-\gamma_{\mathbb{R}j}))-f_j(x_j^*(t-\gamma_{\mathbb{R}j}))]$$

$$+\sum_{j=1}^{n}\alpha_{ij}(t)\int_0^{+\infty}\beta_{\mathbb{R}j}(\theta)[h_j(y_j^{\Delta}(t-\theta)+(x_j^*)^{\Delta}(t-\theta))$$

$$-h_j((x_j^*)^{\Delta}(t-\theta))]\Delta\theta+\sum_{j=1}^{n}\sum_{l=1}^{n}b_{\mathbb{R}jl}(t)[g_j(y_j(t-\omega_{\mathbb{R}jl})$$

$$+x_j^*(t-\omega_{\mathbb{R}jl}))-g_j(x_j^*(t-\omega_{\mathbb{R}jl}))]\times g_l(y_l(t-v_{\mathbb{R}jl})+x_l^*(t-v_{\mathbb{R}jl}))$$

$$+\sum_{j=1}^{n}\sum_{l=1}^{n}b_{\mathbb{R}jl}(t)[g_l(y_l(t-v_{\mathbb{R}jl})+x_l^*(t-v_{\mathbb{R}jl}))-g_l(x_l^*(t-v_{\mathbb{R}jl}))]$$

$$\times g_j(x_j^*(t-\omega_{\mathrm{V}jl}))\}+\int_{t_0}^{t}-c_{\mathbb{R}}(t)e_{-c_{\mathbb{R}}}(t,\sigma(s))$$

$$\times\{\sum_{j=1}^{n}a_{\mathbb{R}j}(s)[f_j(y_j(s-\gamma_{\mathbb{R}j})+x_j^*(s-\gamma_{\mathbb{R}j}))-f_j(x_j^*(s-\gamma_{\mathbb{R}j}))]$$

$$+\sum_{j=1}^{n}\alpha_{\mathbb{R}j}(s)\int_0^{+\infty}\beta_{\mathbb{R}j}(\theta)[h_j(y_j^{\Delta}(s-\theta)+(x_j^*)^{\Delta}(s-\theta))$$

$$-h_j((x_j^*)^{\Delta}(s-\theta))]\Delta\theta+\sum_{j=1}^{n}\sum_{l=1}^{n}b_{\mathbb{R}jl}(s)[g_j(y_j(s-\omega_{\mathbb{R}jl})+x_j^*(s-\omega_{\mathbb{R}jl}))$$

$$-g_j(x_j^*(s-\omega_{\mathbb{R}jl}))]\times g_l(y_l(s-v_{\mathbb{R}jl})+x_l^*(s-v_{\mathbb{R}jl}))$$

$$+\sum_{j=1}^{n}\sum_{l=1}^{n}b_{\mathbb{R}jl}(s)[g_l(y_l(s-v_{\mathbb{R}jl})+x_l^*(s-v_{\mathbb{R}jl}))-g_l(x_l^*(s-v_{\mathbb{R}jl}))]$$

$$\times g_j(x_j^*(s-\omega_{\mathbb{R}jl}))\}\Delta s. \tag{4.17}$$

因此，由式(4.10)，式(4.11)，式(4.14)以及式(4.17)，可得

$$
\begin{aligned}
|y_{\mathbb{R}}^{\Delta}(t_1)| \leqslant{} & \overline{c_{\mathbb{R}}}\,e_{-c_{\mathbb{R}}}(t_1,t_0)\|\psi\|_{\infty}^{1}+\{\sum_{j=1}^{n}\overline{a_{\mathbb{R}j}}\kappa_j\,|y_j(t_1-\gamma_{\mathbb{R}j})| \\
& +\sum_{j=1}^{n}\overline{\alpha_{\mathbb{R}j}}\vartheta_j\int_0^{+\infty}|\beta_{\mathbb{R}j}(\theta)\|y_j^{\Delta}(t_1-\theta)|\Delta\theta \\
& +\sum_{j=1}^{n}\sum_{l=1}^{n}\overline{b_{\mathbb{R}jl}}[\varepsilon_j N_l\,|y_j(t_1-\omega_{\mathbb{R}jl})|+\varepsilon_l N_j\,|y_l(t_1-v_{\mathbb{R}jl})|]\} \\
& +\overline{c_{\mathbb{R}}}\{\int_{t0}^{t1}e_{-cl}(t_1,\sigma(s))(\sum_{j=1}^{n}\overline{a_{\mathbb{R}j}}\kappa_j\,|y_j(s-\gamma_{\mathbb{R}j})| \\
& +\sum_{j=1}^{n}\overline{\alpha_{\mathbb{R}j}}\vartheta_j\int_0^{+\infty}|\beta_{\mathbb{R}j}(\theta)\|y_j^{\Delta}(s-\theta)|\Delta\theta \\
& +\sum_{j=1}^{n}\sum_{l=1}^{n}\overline{b_{\mathbb{R}jl}}[\varepsilon_j N_l\,|y_j(s-\omega_{\mathbb{R}jl})|+\varepsilon_l N_j\,|y_l(s-v_{\mathbb{R}jl})|])\Delta s\} \\
\leqslant{} & PM\|\psi\|_{\infty}^{1}e_{\ominus\lambda}(t_1,t_0)\{\frac{1}{PM}\overline{c_{\mathbb{R}}}\,e_{-c_{\mathbb{R}}}(t_1,t_0)e_{\lambda}(t_1,t_0) \\
& +\sum_{j=1}^{n}\overline{a_{\mathbb{R}j}}\kappa_j e_{\lambda}(t_1,t_1-\gamma_{\mathbb{R}j})+\sum_{j=1}^{n}\overline{\alpha_{\mathbb{R}j}}\vartheta_j\int_0^{+\infty}|\beta_{\mathbb{R}j}(\theta)|\,e_{\lambda} \\
& (t_1,t_1-\theta)\Delta\theta \\
& +\sum_{j=1}^{n}\sum_{l=1}^{n}\overline{b_{\mathbb{R}jl}}[\varepsilon_j N_l e_{\lambda}(t_1,t_1-\omega_{\mathbb{R}jl})+\varepsilon_l N_j e_{\lambda}(t_1,t_1-v_{\mathbb{R}jl})] \\
& +\overline{c_{\mathbb{R}}}[\int_{t0}^{t1}e_{-c_{\mathbb{R}}}(t_1,\sigma(s))e_{\lambda}(t_1,\sigma(s)) \\
& (\sum_{j=1}^{n}\overline{a_{\mathbb{R}j}}\kappa_j e_{\lambda}(\sigma(s),s-\gamma_{\mathbb{R}j}) \\
& +\sum_{j=1}^{n}\overline{\alpha_{\mathbb{R}j}}\vartheta_j\int_0^{+\infty}|\beta_{\mathbb{R}j}(\theta)|\,e_{\lambda}(\sigma(s),s-\theta)\Delta\theta \\
& +\sum_{j=1}^{n}\sum_{l=1}^{n}\overline{b_{\mathbb{R}jl}}[\varepsilon_j N_l e_{\lambda}(\sigma(s),s-\omega_{\mathbb{R}jl}) \\
& +\varepsilon_l N_j e_{\lambda}(\sigma(s),s-v_{\mathbb{R}jl})])\Delta s]\} \\
<{} & PM\|\psi\|_{\infty}^{1}e_{\ominus\lambda}(t_1,t_0)\{(\frac{1}{M}-\frac{\exp(\lambda\sup_{s\in\mathbb{T}}\mu(s))}{\underline{c_{\mathbb{R}}}-\lambda} \\
& [\sum_{j=1}^{n}\overline{a_{\mathbb{R}i}}\kappa_j\exp(\lambda\gamma)+\sum_{j=1}^{n}\overline{\alpha_{\mathbb{R}j}}\vartheta_j\int_0^{+\infty}|\beta_{\mathbb{R}j}(\theta)|\exp(\lambda\theta)\Delta\theta \\
& +\sum_{j=1}^{n}\sum_{l=1}^{n}\overline{b_{\mathbb{R}jl}}[\varepsilon_j N_l\exp(\lambda\omega)+\varepsilon_l N_j\exp(\lambda v)]])\overline{c_{\mathbb{R}}}\,e_{-c_{\mathbb{R}}\oplus\lambda}(t_1,t_0)
\end{aligned}
$$

$$+\left(\frac{\overline{c_{\mathbb{R}}}\exp(\lambda\sup_{s\in\mathbb{T}}\mu(s))}{\underline{c_{\mathbb{R}}}-\lambda}+1\right)\Big[\sum_{j=1}^{n}\overline{a_{\mathbb{R}j}}\kappa_j\exp(\lambda\gamma)$$

$$+\sum_{j=1}^{n}\overline{\alpha_{\mathbb{R}j}}\vartheta_j\int_0^{+\infty}|\beta_{\mathbb{R}j}(\theta)|\exp(\lambda\theta)\Delta\theta$$

$$+\sum_{j=1}^{n}\sum_{l=1}^{n}\overline{b_{\mathbb{R}jl}}[\varepsilon_j N_l\exp(\lambda\omega)+\varepsilon_l N_j\exp(\lambda v)]\Big]\Big\}.$$

由式(4.16)与式(4.18),可得

$$\|y(t_1)\|_{\infty}^{1}<PMe_{\Theta\lambda}(t_1,t_0)\|\psi\|_{\infty}^{1}.$$

上式与式(4.14)矛盾,故式(4.13)成立。因此,系统(4.1)的加权伪概周期解满足时标上的指数二分性,全局指数稳定性同时也说明加权伪概周期解是唯一的。

注 4.3 同理,可以从全局指数稳定的定义出发,使用微分不等式架桥,探讨系统(4.1)的概周期解与伪概周期解的全局指数稳定性,也可以得出这样一个结论,若时标上的中立型神经网络满足一定的条件,当神经网络的外部输入函数分别是时标上的概周期函数、伪概周期函数,以及加权伪概周期函数时,神经网络分别存在唯一的概周期解、伪概周期解,以及加权伪概周期解,而且,所得解函数还满足时标上的指数稳定性。

4.5 数值例子

考虑如下具有中立型时滞的高阶 Hopfield 神经网络

$$\begin{aligned}x_i^{\Delta}(t)=&-c_i(t)x_i(t)+\sum_{j=1}^{2}a_{ij}(t)f_j(x_j(t-\gamma_{ij}))\\&+\sum_{j=1}^{2}\alpha_{ij}(t)\int_0^{+\infty}\beta_{ij}(\theta)h_j(x_j^{\Delta}(t-\theta))\Delta\theta\\&+\sum_{j=1}^{2}\sum_{l=1}^{2}b_{ijl}(t)g_j(x_j(t-\omega_{ijl}))g_l(x_l(t-v_{ijl}))\\&+I_i(t),t\in(0,+\infty)\cap\mathbb{T}.\end{aligned}\tag{4.19}$$

其中,$i=1,2$,且权函数为 $u(t)=\dfrac{1+e^{-t^2}}{2}$,以及

$$f_1(x)=\frac{\cos^6 x+7}{24},f_2(x)=\frac{\cos^3 x+3}{12},g_1(x)=\frac{2\cos^3 x+1}{24},$$

$$g_2(x)=\frac{\sin^6 x+3}{24},h_1(x)=\frac{\sin^3 x+2}{12},h_2(x)=\frac{\cos^3 x+1}{12}.$$

例 4.1 $\mathbb{T}=\mathbb{R},\mu(t)\equiv 1$

$$c_1(t)=0.8+0.1|\cos(\sqrt{2}t)|,c_2(t)=0.9-0.1|\sin t|,$$

$$I_1(t)=\frac{\cos t+\sqrt{3}\sin t}{64},I_2(t)=\frac{\sin(\sqrt{2}t)+\cos(\sqrt{2}t)}{32},$$

$$a_{11}(t)=0.1|\sin t|,a_{12}(t)=0.2|\cos(\sqrt{2}t)|,a_{21}(t)=0.2|\sin(\sqrt{3}t)|,$$

$$a_{22}(t)=0.1|\cos t|,\alpha_{11}(t)=0.05\sin^2 t,\alpha_{12}(t)=0.1\cos^2 t,$$

$$\alpha_{21}(t)=0.15|\sin(\sqrt{3}t)|,\alpha_{22}(t)=0.05\cos^4 t,\beta_{11}(\theta)=\mathrm{e}^{-\theta},$$

$$\beta_{12}(\theta)=2\mathrm{e}^{-\theta}\cos\theta,\beta_{21}(\theta)=-2\mathrm{e}^{-\theta}\sin\theta,\beta_{22}(\theta)=\mathrm{e}^{-\theta}(\sin\theta+\cos\theta),$$

$$b_{111}(t)=0.1|\cos t|,b_{112}(t)=0.05|\sin t|,$$

$$b_{121}(t)=0.15|\cos t|,b_{122}(t)=0.2|\sin t|,$$

$$b_{211}(t)=0.15|\sin t|,b_{212}(t)=0.1|\cos t|,$$

$$b_{221}(t)=0.05|\sin t|,b_{222}(t)=0.2|\cos t|.$$

取 $\gamma_{ij},\omega_{ijl},v_{ijl}(i,j,l=1,2)$ 是任意的实常数，则条件(H_2)－(H_4)成立。取 $\kappa_1=\kappa_2=\vartheta_1=\vartheta_2=\varepsilon_1=\varepsilon_2=\frac{1}{4},N_1=N_2=\frac{1}{6}$，则条件($H_1$)成立。最后，验证条件($H_5$)，若取 $r_0=1$，则

$$\max\left\{\frac{\overline{c_1}+c_1}{\underline{c_1}}\eta_1,\frac{\overline{c_2}+c_2}{\underline{c_2}}\eta_2\right\}+L\max\{\overline{c_1}+\underline{c_1},\overline{c_2}+\underline{c_2}\}$$

$$=\max\{0.655,0.698\}+\frac{17\sqrt{2}}{128}\approx 0.886<r_0,$$

以及

$$\max\{\overline{\eta_1},\overline{\eta_2}\}=\max\{0.154,0.167\}<0.2<0.444=\min\left\{\frac{\underline{c_1}}{\underline{c_1}+\overline{c_1}},\frac{\underline{c_2}}{\underline{c_2}+\overline{c_2}}\right\}$$

$$<0.8=\min\{\underline{c_1},\underline{c_2}\}<1<1.7=\max\{\overline{c_1}+\underline{c_1},\overline{c_2}+\underline{c_2}\}$$

成立。因此，当 $r_0=1$ 时，条件(H_5)成立。故由定理 4.1 与定理 4.2，系统(4.19)在

$$E=\{\varphi\in PAP^1(\mathbb{T},\mathbb{R}^2,u):\|\varphi\|_\infty^1\leqslant 1\}$$

中存在唯一的加权伪概周期解，而且，该解函数还满足时标上的指数二

分性。

例 4.2 $\mathbb{T}=\mathbb{R},\mu(t)\equiv 1$

$$c_1(t)=0.5+0.1|\cos(\sqrt{2}t)|,c_2(t)=0.7-0.2|\sin t|,$$

$$I_1(t)=0.02\cos t,I_2(t)=0.025\sin t,a_{11}(t)=0.2|\sin t|,$$

$$a_{12}(t)=0.1|\cos(\sqrt{2}t)|,a_{21}(t)=0.1|\sin(\sqrt{3}t)|,a_{22}(t)=0.2|\cos t|,$$

$$\alpha_{11}(t)=0.1\cos^2 t,\alpha_{12}(t)=0.2|\sin(\sqrt{3}t)|,$$

$$\alpha_{21}(t)=0.2\sin^6 t,\alpha_{22}(t)=0.1|\sin t|,$$

$$\beta_{11}(\theta)=\left(\frac{1}{2}\right)^{\theta-1},\beta_{12}(\theta)=\frac{1}{6}\left(\frac{2}{3}\right)^{\theta}+\frac{1}{8}\left(\frac{3}{4}\right)^{\theta},$$

$$\beta_{21}(\theta)=\frac{1}{8}\left(\frac{3}{4}\right)^{\theta}+\frac{1}{10}\left(\frac{4}{5}\right)^{\theta},\beta_{22}(\theta)=\frac{1}{8}\left(\frac{7}{8}\right)^{\theta},$$

$$b_{111}(t)=0.15|\cos t|,b_{112}(t)=0.05|\sin t|,$$

$$b_{121}(t)=0.15|\cos t|,b_{122}(t)=0.25|\sin t|,$$

$$b_{211}(t)=0.15|\sin t|,b_{212}(t)=0.1|\cos t|,$$

$$b_{221}(t)=0.15|\sin t|,b_{222}(t)=0.05|\sin t|.$$

取 $\gamma_{ij},\omega_{ijl},v_{ijl}(i,j,l=1,2)$ 是任意的整数，则，条件 $(H_2)-(H_4)$ 成立。取 $\kappa_1=\kappa_2=\vartheta_1=\vartheta_2=\varepsilon_1=\varepsilon_2=\frac{1}{4},N_1=N_2=\frac{1}{6}$，则，条件 (H_1) 成立。最后，验证条件 (H_5)，若取 $r_0=1$，则

$$\max\left\{\frac{\overline{c_1}+\underline{c_1}}{\underline{c_1}}\eta_1,\frac{\overline{c_2}+\underline{c_2}}{\underline{c_2}}\eta_2\right\}+L\max\{\overline{c_1}+\underline{c_1},\overline{c_2}+\underline{c_2}\}$$

$$=\max\{0.8456,0.766\}+0.06\approx 0.906<r_0,$$

以及

$$\max\{\overline{\eta_1},\overline{\eta_2}\}=\max\{0.2,0.204\}=0.204<0.417=\min\left\{\frac{\underline{c_1}}{\underline{c_1}+\overline{c_1}},\frac{\underline{c_2}}{\underline{c_2}+\overline{c_2}}\right\}$$

$$<0.5=\min\{\underline{c_1},\underline{c_2}\}<1<1.2=\max\{\overline{c_1}+\underline{c_1},\overline{c_2}+\underline{c_2}\}$$

成立。因此，当 $r_0=1$ 时，条件 (H_5) 成立。故由定理 4.1 与定理 4.2，系统(4.19)在

$$E=\{\varphi\in PAP^1(\mathbb{T},\mathbb{R}^2,u):\|\varphi\|_{\infty}^1\leqslant 1\}$$

中存在唯一的加权伪概周期解，而且，该解函数还满足时标上的指数二分性。

4.6　时标上一类具有中立型时滞的细胞神经网络

在接下来的几下节中，将在时标上讨论如下具有中立型时滞的细胞神经网络

$$
\begin{aligned}
x_i^{\Delta}(t) &= -c_i(t)x_i(t) + \sum_{j=1}^{n} a_{ij}(t)f_j(x_j(t)) \\
&\quad + \sum_{j=1}^{n} b_{ij}(t)f_j(x_j(t-\gamma_{ij})) \\
&\quad + \sum_{j=1}^{n} d_{ij}(t)g_j(x_j^{\Delta}(t-\tau_{ij})) + I_i(t), \\
&\quad i=1,2,\cdots,n, t\in(0,+\infty)\cap \mathbb{T}.
\end{aligned}
\tag{4.20}
$$

其中，T 是一个概周期时标；n 表示神经网络中神经元的个数；$x_i(t)$表示在 t 时刻第 i 条神经元的状态；$c_i(t)$表示在 t 时刻，当断开神经网络和外部输入时，第 i 条神经元可能会出现重置，而导致静止孤立状态的比例；$f_j(x_j(t))$表示在 t 时刻，第 j 条神经元向第 i 条神经元的输出量；a_{ij}，b_{ij}都是连接权重函数；$I_i(t)$表示第 i 条神经元在 t 时刻的外部输入；f_j，g_j 是符号传输过程中的作用函数；γ_{ij}，$\tau_{ij}\geqslant 0$ 表示符号传输过程中所产生的时滞；$d_{ij}(t)>0$ 表示在 t 时刻，第 i 条神经元与第 j 条神经元之间的中立型连接权重；对于实数集上每一个区间 J，引入记号：$J_{\mathbb{T}}=J\cap \mathbb{T}$。

系统(4.20)的初值条件如下

$$x_i(s)=\varphi_i(s), s\in[-v,0]_{\mathbb{T}}, i=1,2,\cdots,n,$$

其中，$\varphi_i(\cdot)$是一个定义在$[-v,0]_{\mathbb{T}}$上，有界实值的，可微右稠密连续函数，且 $\varphi_i^{\Delta}(\cdot)$也是一个实值有界函数，而

$$\gamma_j=\max_{1\leqslant i\leqslant n}\gamma_{ij}, \gamma=\max_{1\leqslant j\leqslant n}\gamma_j, \tau_i=\max_{1\leqslant j\leqslant n}\tau_{ij}, \tau=\max_{1\leqslant i\leqslant n}\tau_i, v=\max\{\gamma,\tau\}.$$

为了探讨系统(4.20)的加权伪概周期解的存在性与全局指数稳定性，需要做如下假设(C_1) f_j，$g_j\in C(\mathbb{R},\mathbb{R})$，且存在正常数 α_j，β_j，使得

$$|f_j(u)-f_j(v)|\leqslant\alpha_j|u-v|, |g_j(u)-g_j(v)|\leqslant\beta_j|u-v|,$$
$$u,v\in\mathbb{R}, j=1,2,\cdots,n;$$

(C_2) c_i，a_{ij}，b_{ij}，$d_{ij}(i,j=1,2,\cdots,n)$都是在概周期时标 T 上有定

义的概周期函数；

$(C_3)-c_i\in\Re^+,\gamma_{ij},\tau_{ij}\in\Pi,i,j=1,2,\cdots,n$；

(C_4)设 $u\in U_\infty^{Inv}$，$I_i(i=1,2,\cdots,n)\in PAP(\mathbb{T},\mathbb{R},u)$.

接下来，与前几节类似，将利用引理 2.8 所介绍的时标上的变上限积分函数，构造出合适的巴拿赫空间，以及压缩算子后，采用不动点定理，探讨系统(4.20)的加权伪概周期解的存在性。

4.7 时标上具有中立型离散时滞的细胞神经网络的加权伪概周期解的存在性

首先，需要引入一些记号。$x=(x_1,x_2,\cdots,x_n)^{\mathrm{T}}$ 表示$\mathbb{R}^n$ 中的一个向量。$|x|$表示 x 的绝对值向量，即$|x|=(|x_1|,|x_2|,\cdots,|x_n|)^{\mathrm{T}}$. 定义$\mathbb{R}^n$ 中向量的范数如下：$\|x\|=\max\limits_{1\leqslant i\leqslant n}|x_i|$.

定理 4.3 若条件$(C_1)-(C_4)$已成立，而且如下条件也成立。

(C_5)存在常数 $r_0>0$，使得

$$\max_{1\leqslant i\leqslant n}\left\{\frac{\overline{c_i}+\underline{c_i}}{\underline{c_i}}\eta_i\right\}+L\max_{1\leqslant i\leqslant n}\{\overline{c_i}+\underline{c_i}\}\leqslant r_0,$$

$$0<\max_{1\leqslant i\leqslant n}\{\overline{\eta_i}\}<\min_{1\leqslant i\leqslant n}\left\{\frac{\underline{c_i}}{\overline{c_i}+\underline{c_i}}\right\}<\min_{1\leqslant i\leqslant n}\{\underline{c_i}\}<1<\max_{1\leqslant i\leqslant n}\{\overline{c_i}+\underline{c_i}\}.$$

其中，$i,j=1,2,\cdots,n$，以及

$$\eta_i=\sum_{j=1}^{n}(\overline{a_{ij}}+\overline{b_{ij}})(|f_j(0)|+\alpha_jr_0)+\sum_{j=1}^{n}\overline{d_{ij}}(|g_j(0)|+\beta_jr_0),$$

$$\overline{c_i}=\sup_{t\in\mathbb{T}}c_i(t),\underline{c_i}=\inf_{t\in\mathbb{T}}c_i(t),\overline{a_{ij}}=\sup_{t\in\mathbb{T}}|a_{ij}(t)|,$$

$$\overline{b_{ij}}=\sup_{t\in\mathbb{T}}|b_{ij}(t)|,\overline{d_{ij}}=\sup_{t\in\mathbb{T}}|d_{ij}(t)|,$$

$$\overline{\eta_i}=\sum_{j=1}^{n}(\overline{a_{ij}}+\overline{b_{ij}})\alpha_j+\sum_{j=1}^{n}\overline{d_{ij}}\beta_j,L=\max_{1\leqslant i\leqslant n}\left\{\frac{\overline{I_i}}{\underline{c_i}}\right\},\overline{I_i}=\sup_{t\in\mathbb{T}}|I_i(t)|.$$

则系统(4.20)在

$$E=\{\varphi\in PAP^1(\mathbb{T},\mathbb{R}^n,u):\|\varphi\|_\infty^1\leqslant r_0\}$$

中存在唯一的加权伪概周期解。

证明:对于任意给定的 $\varphi=(\varphi_1,\varphi_2,\cdots,\varphi_n)^{\mathrm{T}}\in E$,考虑如下的微分方程

$$x_i^{\Delta}(t)=-c_i(t)x_i(t)+\sum_{j=1}^{n}a_{ij}(t)f_j(\varphi_j(t))+\sum_{j=1}^{n}b_{ij}(t)f_j(\varphi_j(t-\gamma_{ij}))$$
$$+\sum_{j=1}^{n}d_{ij}(t)g_j(\varphi_j^{\Delta}(t-\tau_{ij}))+I_i(t),i=1,2,\cdots,n,t\in(0,+\infty)\cap\mathbb{T},\tag{4.21}$$

以及它所对应的齐次方程

$$x_i^{\Delta}(t)=-c_i(t)x_i(t),i=1,2,\cdots,n.\tag{4.22}$$

显然

$$X(t)=\mathrm{diag}(\mathrm{e}_{-c_1}(t,\bar{t}),\mathrm{e}_{-c_2}(t,\bar{t}),\cdots,\mathrm{e}_{-c_n}(t,\bar{t})).$$

其中,$\bar{t}=\min\{[0,+\infty)_{\mathrm{T}}\}$是系统(4.22)的一个基本解矩阵,而且,当投影算子 P 取恒等算子时,对于任意的 $\sigma(s)\leqslant t$,有

$$\begin{aligned}\|X(t)PX^{-1}(\sigma(s))\|&=\|\mathrm{diag}(\mathrm{e}_{-c_1}(t,\bar{t}),\cdots,\mathrm{e}_{-c_n}(t,\bar{t}))\\&\quad\mathrm{diag}(\mathrm{e}_{-c_1}(\bar{t},\sigma(s)),\cdots,\mathrm{e}_{-c_n}(\bar{t},\sigma(s)))\|\\&=\|\mathrm{diag}(\mathrm{e}_{-c_1}(t,\sigma(s)),\cdots,\mathrm{e}_{-c_n}(t,\sigma(s)))\|\\&=\mathrm{e}_{-c_1}(t,\sigma(s))+\cdots+\mathrm{e}_{-c_n}(t,\sigma(s)).\end{aligned}$$

容易看出

$$1+\mu(t)(\ominus c_i)(t)=1+\mu(t)\frac{-c_i(t)}{1+\mu(t)c_i(t)}=\frac{1}{1+\mu(t)c_i(t)}>0,$$
$$i=1,2,\cdots,n,$$

即 $\ominus c_i(i=1,2,\cdots,n)\in\Re^+$. 另一方面

$$-c_i(t)\leqslant\frac{-c_i(t)}{1+\mu(t)c_i(t)}=(\ominus c_i)(t),\ \forall\,t\in\mathbb{T},i=1,2,\cdots,n.$$

利用引理 2.14,可得

$$\begin{aligned}\|X(t)PX^{-1}(\sigma(s))\|&\leqslant\mathrm{e}_{\ominus c_1}(t,\sigma(s))+\cdots+\mathrm{e}_{\ominus c_n}(t,\sigma(s))\\&\leqslant n\mathrm{e}_{\ominus\alpha}(t,\sigma(s)).\end{aligned}$$

其中,$\alpha=\min\{\inf\limits_{s\in\mathbb{T}}c_1(s),\cdots,\inf\limits_{s\in\mathbb{T}}c_n(s)\}$,即系统(4.22)在时标上满足指数二分性。根据引理 3.1 与引理 3.2,有

$$F(t)=(F_1(t),F_2(t),\cdots,F_n(t))^{\mathrm{T}}\in PAP(\mathbb{T},\mathbb{R}^n,u),$$

其中

$$F_i(t)=\sum_{j=1}^{n}a_{ij}(t)f_j(\varphi_j(t))+\sum_{j=1}^{n}b_{ij}(t)f_j(\varphi_j(t-\gamma_{ij}))$$

$$+\sum_{j=1}^{n} d_{ij}(t)g_j(\varphi_j^{\Delta}(t-\tau_{ij}))+I_i(t), i=1,2,\cdots, n, t\in(0,+\infty)\cap \mathbb{T}.$$

根据定理 2.5,系统(4.21)有一个加权伪概周期解

$$x_{\varphi}(t)=\int_{-\infty}^{t} X(t)PX^{-1}(\sigma(s))F(s)\Delta s=(x_{\varphi 1}(t),\cdots,x_{\varphi n}(t))^{\mathrm{T}},$$

其中

$$x_{\varphi i}(t)=\int_{-\infty}^{t} \mathrm{e}_{-c_i}(t,\sigma(s))F_i(s)\Delta s, i=1,2,\cdots,n.$$

此时,由引理 2.16,还可得

$$x_{\varphi i}^{\Delta}(t)=-c_i(t)x_{\varphi i}(t)+F_i(t)\in PAP(\mathbb{T},\mathbb{R},u), i=1,2,\cdots,n,$$

即 $x_{\varphi}(t)\in PAP^1(\mathbb{T},\mathbb{R}^n,u)$. 首先,在 E 上定义一个非线性算子,如下

$$\Phi(\varphi)(t)=x_{\varphi}(t), \forall \varphi\in PAP^1(\mathbb{T},\mathbb{R}^n,u).$$

接下来,验证 $\Phi(E)\subset E$。此时,只需要证明:对于任意给定的 $\varphi\in E$,有 $\|\Phi(\varphi)\|_{\infty}^{1}\leqslant r_0$ 成立。由条件$(C_1)-(C_5)$,可得

$$\begin{aligned}
\|\Phi(\varphi)\|_{\infty} &= \max_{1\leqslant i\leqslant n}\sup_{t\in\mathbb{T}}\{\left|\int_{-\infty}^{t}\mathrm{e}_{-c_i}(t,\sigma(s))\Big(\sum_{j=1}^{n}a_{ij}(s)f_j(\varphi_j(s))\right.\\
&\quad \left.+\sum_{j=1}^{n}b_{ij}(s)f_j(\varphi_j(s-\gamma_{ij}))+\sum_{j=1}^{n}d_{ij}(s)g_j(\varphi_j^{\Delta}(s-\tau_{ij}))+I_i(s)\Big)\Delta s\right|\}\\
&\leqslant \max_{1\leqslant i\leqslant n}\sup_{t\in\mathbb{T}}\{\left|\int_{-\infty}^{t}\mathrm{e}_{-c_i}(t,\sigma(s))\Big(\sum_{j=1}^{n}\overline{a_{ij}}f_j(\varphi_j(s))+\sum_{j=1}^{n}\overline{b_{ij}}f_j(\varphi_j(s-\gamma_{ij}))\right.\\
&\quad \left.+\sum_{j=1}^{n}\overline{d_{ij}}g_j(\varphi_j^{\Delta}(s-\tau_{ij}))\Big)\Delta s\right|\}+\max_{1\leqslant i\leqslant n}\frac{\overline{I_i}}{\underline{c_i}}\\
&\leqslant \max_{1\leqslant i\leqslant n}\sup_{t\in\mathbb{T}}\{\left|\int_{-\infty}^{t}\mathrm{e}_{-c_i}(t,\sigma(s))\Big(\sum_{j=1}^{n}\overline{a_{ij}}(|f_j(0)|+\alpha_j|\varphi_j(s)|)\right.\\
&\quad +\sum_{j=1}^{n}\overline{b_{ij}}(|f_j(0)|+\alpha_j|\varphi_j(s-\gamma_{ij})|)\\
&\quad \left.+\sum_{j=1}^{n}\overline{d_{ij}}(|g_j(0)|+\beta_j|\varphi_j^{\Delta}(s-\tau_{ij})|)\Big)\Delta s\right|\}+L\\
&\leqslant \max_{1\leqslant i\leqslant n}\sup_{t\in\mathbb{T}}\{\left|\int_{-\infty}^{t}\mathrm{e}_{-c_i}(t,\sigma(s))\Big(\sum_{j=1}^{n}\overline{a_{ij}}(|f_j(0)|+\alpha_j r_0)\right.\\
&\quad \left.+\sum_{j=1}^{n}\overline{b_{ij}}(|f_j(0)|+\alpha_j r_0)+\sum_{j=1}^{n}\overline{d_{ij}}(|g_j(0)|+\beta_j r_0)\Big)\Delta s\right|\}+L\\
&\leqslant \max_{1\leqslant i\leqslant n}\left\{\frac{\eta_i}{\underline{c_i}}\right\}+L\leqslant \max_{1\leqslant i\leqslant n}\left\{\frac{\underline{c_i}+\overline{c_i}}{\underline{c_i}}\eta_i\right\}+L\max_{1\leqslant i\leqslant n}\{\overline{c_i}+\underline{c_i}\}\leqslant r_0.
\end{aligned}\tag{4.23}$$

由引理 2.7 与引理 2.8,可得

$$
\begin{aligned}
&\|(\Phi(\varphi))^{\Delta}\|_{\infty}\\
=&\max_{1\leqslant i\leqslant n}\sup_{t\in\mathbb{T}}\Big\{\Big|\Big(\sum_{j=1}^{n}a_{ij}(t)f_j(\varphi_j(t))+\sum_{j=1}^{n}b_{ij}(t)f_j(\varphi_j(t-\gamma_{ij}))\\
&+\sum_{j=1}^{n}d_{ij}(t)g_j(\varphi_j^{\Delta}(t-\tau_{ij}))+I_i(t)\Big)\\
&+\int_{-\infty}^{t}-c_i(t)e_{-c_i}(t,\sigma(s))\Big(\sum_{j=1}^{n}a_{ij}(s)f_j(\varphi_j(s))+\sum_{j=1}^{n}b_{ij}(s)f_j(\varphi_j(s-\gamma_{ij}))\\
&+\sum_{j=1}^{n}d_{ij}(s)g_j(\varphi_j^{\Delta}(s-\tau_{ij}))+I_i(s)\Big)\Delta s\Big|\Big\}\\
\leqslant&\max_{1\leqslant i\leqslant n}\sup_{t\in\mathbb{T}}\Big\{\Big[\sum_{j=1}^{n}\overline{a_{ij}}(|f_j(0)|+\alpha_j|\varphi_j(t)|)\\
&+\sum_{j=1}^{n}\overline{b_{ij}}(|f_j(0)|+\alpha_j|\varphi_j(t-\gamma_{ij})|)\\
&+\sum_{j=1}^{n}\overline{d_{ij}}(|g_j(0)|+\beta_j|\varphi_j^{\Delta}(t-\tau_{ij})|)+|I_i(t)|\Big]\\
&+\overline{c_i}\Big[\int_{-\infty}^{t}e_{-c_i}(t,\sigma(s))\Big(\sum_{j=1}^{n}\overline{a_{ij}}(|f_j(0)|+\alpha_j|\varphi_j(s)|)\\
&+\sum_{j=1}^{n}\overline{b_{ij}}(|f_j(0)|+\alpha_j|\varphi_j(s-\gamma_{ij})|)\\
&+\sum_{j=1}^{n}\overline{d_{ij}}(|g_j(0)|+\beta_j|\varphi_j^{\Delta}(s-\tau_{ij})|)\Big)\Delta s\Big]\Big\}+L\max_{1\leqslant i\leqslant n}\{\overline{c_i}\}\\
\leqslant&\max_{1\leqslant i\leqslant n}\Big\{\Big[\sum_{j=1}^{n}\overline{a_{ij}}(|f_j(0)|+\alpha_jr_0)+\sum_{j=1}^{n}\overline{b_{ij}}(|f_j(0)|+\alpha_jr_0)\\
&+\sum_{j=1}^{n}\overline{d_{ij}}(|g_j(0)|+\beta_jr_0)\Big]\\
&+\frac{\overline{c_i}}{\underline{c_i}}\Big[\sum_{j=1}^{n}(\overline{a_{ij}}+\overline{b_{ij}})(|f_j(0)|+\alpha_jr_0)+\sum_{j=1}^{n}\overline{d_{ij}}(|g_j(0)|+\beta_jr_0)\Big]\Big\}\\
&+L\max_{1\leqslant i\leqslant n}\{\overline{c_i}+\underline{c_i}\}\\
\leqslant&\max_{1\leqslant i\leqslant n}\left\{\frac{\overline{c_i}+\underline{c_i}}{\underline{c_i}}\eta_i\right\}+L\max_{1\leqslant i\leqslant n}\{\overline{c_i}+\underline{c_i}\}\leqslant r_0.
\end{aligned}
\tag{4.24}
$$

由式(4.23)与式(4.24),可得

$$\|\Phi(\varphi)\|_{\infty}^{1}=\max\{\|\Phi(\varphi)\|_{\infty},\|(\Phi(\varphi))^{\Delta}\|_{\infty}\}\leqslant r_0,$$

因此,$\Phi(E)\subset E$。

任取 $\varphi,\psi\in E$，以及考虑到条件(C_1)与条件(C_5)，可得

$$
\begin{aligned}
&\|\Phi(\varphi)-\Phi(\psi)\|_{\infty}\\
=&\sup_{t\in\mathbb{T}}\max_{1\leqslant i\leqslant n}\Big\{\Big|\int_{-\infty}^{t}e_{-c_i}(t,\sigma(s))\Big(\sum_{j=1}^{n}a_{ij}(s)[f_j(\varphi_j(s))-f_j(\psi_j(s))]\\
&+\sum_{j=1}^{n}b_{ij}(s)[f_j(\varphi_j(s-\gamma_{ij}))-f_j(\psi_j(s-\gamma_{ij}))]\\
&+\sum_{j=1}^{n}d_{ij}(s)[g_j(\varphi_j^{\Delta}(s-\tau_{ij}))-g_j(\psi_j^{\Delta}(s-\tau_{ij}))]\Big)\Delta s\Big|\Big\}\\
\leqslant&\sup_{t\in\mathbb{T}}\max_{1\leqslant i\leqslant n}\Big\{\Big|\int_{-\infty}^{t}e_{-c_i}(t,\sigma(s))\Big(\sum_{j=1}^{n}\overline{a_{ij}}\alpha_j|\varphi_j(s)-\psi_j(s)|\\
&+\sum_{j=1}^{n}\overline{b_{ij}}\alpha_j|\varphi_j(s-\gamma_{ij})-\psi_j(s-\gamma_{ij})|\\
&+\sum_{j=1}^{n}\overline{d_{ij}}\beta_j|\varphi_j^{\Delta}(s-\tau_{ij})-\psi_j^{\Delta}(s-\tau_{ij})|\Big)\Delta s\Big\}\\
\leqslant&\sup_{t\in\mathbb{T}}\max_{1\leqslant i\leqslant n}\Big\{\int_{-\infty}^{t}e_{-c_i}(t,\sigma(s))\Big(\sum_{j=1}^{n}[(\overline{a_{ij}}+\overline{b_{ij}})\alpha_j+\overline{d_{ij}}\beta_j]\Big)\Delta s\Big\}\\
&\times\|\varphi-\psi\|_{\infty}^{1}\\
\leqslant&\frac{\max\limits_{1\leqslant i\leqslant n}\{\overline{\eta_i}\}}{\min\limits_{1\leqslant i\leqslant n}\{\underline{c_i}\}}\|\varphi-\psi\|_{\infty}^{1}<\|\varphi-\psi\|_{\infty}^{1}。
\end{aligned}
\tag{4.25}
$$

类似的，由引理 2.7 与引理 2.8，还可以得到

$$
\begin{aligned}
&\|(\Phi(\varphi)-\Phi(\psi))^{\Delta}\|_{\infty}\\
=&\sup_{t\in\mathbb{T}}\max_{1\leqslant i\leqslant n}\Big\{\Big|\Big(\sum_{j=1}^{n}a_{ij}(t)[f_j(\varphi_j(t))-f_j(\psi_j(t))]\\
&+\sum_{j=1}^{n}b_{ij}(t)[f_j(\varphi_j(t-\gamma_{ij}))-f_j(\psi_j(t-\gamma_{ij}))]\\
&+\sum_{j=1}^{n}d_{ij}(t)[g_j(\varphi_j^{\Delta}(t-\tau_{ij}))-g_j(\psi_j^{\Delta}(t-\tau_{ij}))]\Big)\\
&+\int_{-\infty}^{t}-c_i(t)e_{-c_i}(t,\sigma(s))\Big(\sum_{j=1}^{n}a_{ij}(s)[f_j(\varphi_j(s))-f_j(\psi_j(s))]\\
&+\sum_{j=1}^{n}b_{ij}(s)[f_j(\varphi_j(s-\gamma_{ij}))-f_j(\psi_j(s-\gamma_{ij}))]\\
&+\sum_{j=1}^{n}d_{ij}(s)[g_j(\varphi_j^{\Delta}(s-\tau_{ij}))-g_j(\psi_j^{\Delta}(s-\tau_{ij}))]\Big)\Delta s\Big|\Big\}\\
\leqslant&\sup_{t\in\mathbb{T}}\max_{1\leqslant i\leqslant n}\Big\{\Big[\sum_{j=1}^{n}\overline{a_{ij}}\alpha_j|\varphi_j(t)-\psi_j(t)|+\sum_{j=1}^{n}\overline{b_{ij}}\alpha_j|\varphi_j(t-\gamma_{ij})-\psi_j(t-\gamma_{ij})|
\end{aligned}
$$

$$+\sum_{j=1}^{n}\overline{d_{ij}}\beta_j\mid\varphi_j^{\Delta}(t-\tau_{ij})-\psi_j^{\Delta}(t-\tau_{ij})\mid$$

$$+c_i\Big[\int_{-\infty}^{t}e_{-c_i}(t,\sigma(s))\Big(\sum_{j=1}^{n}\overline{a_{ij}}\alpha_j\mid\varphi_j(s)-\psi_j(s)\mid$$

$$+\sum_{j=1}^{n}\overline{b_{ij}}\alpha_j\mid\varphi_j(s-\gamma_{ij})-\psi_j(s-\gamma_{ij})\mid$$

$$+\sum_{j=1}^{n}\overline{d_{ij}}\beta_j\mid\varphi_j^{\Delta}(t-\tau_{ij})-\psi_j^{\Delta}(t-\tau_{ij})\mid\Big)\Delta s\Big]\Big\}$$

$$\leqslant\max_{1\leqslant i\leqslant n}\left\{\frac{\overline{c_i}+\overline{c_i}}{\underline{c_i}}\overline{\eta_i}\right\}\|\varphi-\psi\|_{\infty}^{1}<\|\varphi-\psi\|_{\infty}^{1}。\tag{4.26}$$

由式(4.25)与式(4.26),可得 Φ 是一个从 E 到它自身的压缩映射。又因为 E 是 $(PAP^1(\mathbb{T},\mathbb{R}^n,u),\|\cdot\|_{\infty}^{1})$ 中的一个闭子空间,由不动点定理,Φ 在 E 中存在唯一的不动点,即,系统(4.20)在

$$E=\{\varphi\in PAP^1(\mathbb{T},\mathbb{R}^n,u):\|\varphi\|_{\infty}^{1}\leqslant r_0\}$$

中存在唯一的加权伪概周期解。

当 $d_{ij}(t)\equiv 0$ 时,具有中立型时滞的细胞神经网络,退化为一般的细胞神经网络

$$x_i^{\Delta}(t)=-c_i(t)x_i(t)+\sum_{j=1}^{n}a_{ij}(t)f_j(x_j(t))+\sum_{j=1}^{n}b_{ij}(t)f_j(x_j(t-\gamma_{ij}))$$
$$+I_i(t),i=1,2,\cdots,n,t\in(0,+\infty)\cap\mathbb{T}.\tag{4.27}$$

用第 3 章中介绍过的方法,也可以探讨系统(4.27)的加权伪概周期解的存在性。

用相同的方法,讨论系统(4.20)的概周期解与伪概周期解的存在性,又可以得到如下两个推论。

推论 4.1 若条件$(C_1)-(C_3)$与条件(C_5)均成立。更进一步地,假设 $I_i(i=1,2,\cdots,n)$都是时标上的概周期函数,则系统(4.20)在

$$E=\{\varphi\in AP^1(\mathbb{T},\mathbb{R}^n):\|\varphi\|_{\infty}^{1}\leqslant r_0\}$$

中存在唯一的概周期解。

推论 4.2 若条件$(C_1)-(C_3)$与条件(C_5)均成立。更进一步地,假设 $I_i(i=1,2,\cdots,n)$都是时标上的伪概周期函数,则系统(4.20)在

$$E=\{\varphi\in PAP^1(\mathbb{T},\mathbb{R}^n):\|\varphi\|_{\infty}^{1}\leqslant r_0\}$$

中存在唯一的伪概周期解。

4.8 时标上具有中立型时滞的细胞神经网络的加权伪概周期解的全局指数稳定性

定义 4.2 称系统(4.20)满足初值条件

$$\varphi^*(t)=(\varphi_1^*(t),\varphi_2^*(t),\cdots,\varphi_n^*(t))^{\mathrm{T}}$$

的加权伪概周期解

$$x^*(t)=(x_1^*(t),x_2^*(t),\cdots,x_n^*(t))^{\mathrm{T}}$$

在时标上满足全局指数稳定性,是指,存在一个正常数 λ,满足 $\ominus\lambda\in\Re^+$,以及常数 $M>1$,使得系统(4.20)的满足任意初值条件 $\varphi(t)=(\varphi_1(t),\varphi_2(t),\cdots,\varphi_n(t))^{\mathrm{T}}$ 的每一个解 $x(t)=(x_1(t),x_2(t),\cdots,x_n(t))^{\mathrm{T}}$,都有下式成立

$$\|x(t)-x^*(t)\|_\infty^1\leqslant Me_{\ominus\lambda}(t,t_0)\|\psi\|_\infty^1,\forall t\in(0,+\infty)_{\mathrm{T}}.$$

其中

$$\|\psi\|_\infty^1=\max\Big\{\sup_{t\in[-v,0]_{\mathrm{T}}}\max_{1\leqslant i\leqslant n}|\varphi_i(t)-\varphi_i^*(t)|,\\ \sup_{t\in[-v,0]_{\mathrm{T}}}\max_{1\leqslant i\leqslant n}|\varphi_i^\Delta(t)-(\varphi_i^*)^\Delta(t)|\Big\}$$

以及 $t_0=\max\{[-v,0]_{\mathrm{T}}\}$.

接下来,将利用定义 4.2,讨论系统(4.20)的加权伪概周期解的全局指数稳定性。

定理 4.4 若条件$(C_1)-(C_5)$成立,则系统(4.20)存在唯一的加权伪概周期解 $x^*(t)$,而且,$x^*(t)$还满足时标上的全局指数稳定性。

证明:由定理 4.3,系统(4.20)存在唯一的加权伪概周期解

$$x^*(t)=(x_1^*(t),x_2^*(t),\cdots,x_n^*(t))^{\mathrm{T}},$$

假设

$$x(t)=(x_1(t),x_2(t),\cdots,x_n(t))^{\mathrm{T}}$$

是系统(4.20)的任意一个解。由系统(4.20)直接可以得到

$$y_i^\Delta(s)+c_i(s)y_i(s)\\ =\sum_{j=1}^n a_{ij}(s)[f_j(y_j(s)+x_j^*(s))-f_j(x_j^*(s))]$$

$$+\sum_{j=1}^{n}b_{ij}(s)[f_j(y_j(s-\gamma_{ij})+x_j^*(s-\gamma_{ij}))-f_j(x_j^*(s-\gamma_{ij}))]$$
$$+\sum_{j=1}^{n}d_{ij}(s)[g_j(y_j^{\Delta}(s-\tau_{ij})+(x_j^*)^{\Delta}(s-\tau_{ij}))-g_j((x_j^*)^{\Delta}(s-\tau_{ij}))].$$
(4.28)

其中，$y_i(s)=x_i(s)-x_i^*(s)$，以及 $i=1,2,\cdots,n$，系统(4.28)的初值条件是

$$\psi_i(s)=\varphi_i(s)-x_i^*(s),s\in[-v,0]_{\mathrm{T}},i=1,2,\cdots,n.$$

定义函数 H_i 以及函数 H_i^*，如下

$$H_i(\vartheta)=\underline{c_i}-\vartheta-\exp(\vartheta\sup_{s\in\mathrm{T}}\mu(s))[\sum_{j=1}^{n}\overline{a_{ij}}\alpha_j+\sum_{j=1}^{n}\overline{b_{ij}}\alpha_j\exp(\vartheta\gamma)$$
$$+\sum_{j=1}^{n}\overline{d_{ij}}\beta_j\exp(\vartheta\tau)],$$
$$H_i^*(\vartheta)=\underline{c_i}-\vartheta-(\overline{c_i}\exp(\vartheta\sup_{s\in\mathrm{T}}\mu(s))+\underline{c_i}-\vartheta)$$
$$\times\Big[\sum_{j=1}^{n}\overline{a_{ij}}\alpha_j+\sum_{j=1}^{n}\overline{b_{ij}}\alpha_j\exp(\vartheta\gamma)+\sum_{j=1}^{n}\overline{d_{ij}}\beta_j\exp(\vartheta\tau)\Big].$$

其中，$i=1,2,\cdots,n,\vartheta\in[0,+\infty)$. 由条件($C_5$)，可得

$$H_i(0)=\underline{c_i}-\Big[\sum_{j=1}^{n}\alpha_j(\overline{a_{ij}}+\overline{b_{ij}})+\sum_{j=1}^{n}\overline{d_{ij}}\beta_j\Big]=\underline{c_i}-\overline{\eta_i}>0,$$
$$H_i^*(0)=\underline{c_i}-(\overline{c_i}+\underline{c_i})\Big[\sum_{j=1}^{n}\alpha_j(\overline{a_{ij}}+\overline{b_{ij}})+\sum_{j=1}^{n}\overline{d_{ij}}\beta_j\Big]$$
$$=\underline{c_i}-(\overline{c_i}+\underline{c_i})\overline{\eta_i}>0.$$

因为，H_i,H_i^* 都是定义在$[0,+\infty)$上的连续函数，而且，当 $\vartheta\to+\infty$ 时，有 $H_i(\vartheta),H_i^*(\vartheta)\to-\infty$成立，所以，存在常数 $\vartheta_i,\vartheta_i^*$，使得 $H_i(\vartheta_i)=H_i^*(\vartheta_i^*)=0$，而且，当 $\vartheta\in(0,\vartheta_i)$时，有 $H_i(\vartheta)>0$，当 $\vartheta\in(0,\vartheta_i^*)$时，有 $H_i^*(\vartheta)>0$. 令

$$\xi=\min\{\vartheta_1,\vartheta_2,\cdots,\vartheta_n,\vartheta_1^*,\vartheta_2^*,\cdots,\vartheta_n^*\},$$

则有下式成立

$$H_i(\xi)\geqslant0,H_i^*(\xi)\geqslant0,i=1,2,\cdots,n.$$

因此，可以选择一个正常数 $0<\lambda<\min\{\xi,\min_{1\leqslant i\leqslant n}\{\underline{c_i}\}\}$，满足下式

$$H_i(\lambda)>0,H_i^*(\lambda)>0,i=1,2,\cdots,n,$$

即

$$\frac{\exp(\lambda\sup_{s\in\mathbb{T}}\mu(s))}{\underline{c_i}-\lambda}\left[\sum_{j=1}^{n}\overline{a_{ij}}\alpha_j+\sum_{j=1}^{n}\overline{b_{ij}}\alpha_j\exp(\lambda\gamma)+\sum_{j=1}^{n}\overline{d_{ij}}\beta_j\exp(\lambda\tau)\right]<1, \tag{4.29}$$

以及

$$\left(\frac{\overline{c_i}\exp(\lambda\sup_{s\in\mathbb{T}}\mu(s))}{\underline{c_i}-\lambda}+1\right)\left[\sum_{j=1}^{n}\overline{a_{ij}}\alpha_j+\sum_{j=1}^{n}\overline{b_{ij}}\alpha_j\exp(\lambda\gamma)+\sum_{j=1}^{n}\overline{d_{ij}}\beta_j\exp(\lambda\tau)\right]<1. \tag{4.30}$$

令

$$M=\max_{1\leqslant i\leqslant n}\left\{\frac{\underline{c_i}}{\sum_{j=1}^{n}\alpha_j(\overline{a_{ij}}+\overline{b_{ij}})+\sum_{j=1}^{n}\overline{d_{ij}}\beta_j}\right\},$$

由条件(C_5)可知,$M>1$. 因此

$$\frac{1}{M}-\frac{\exp(\lambda\sup_{s\in\mathbb{T}}\mu(s))}{\underline{c_i}-\lambda}\left[\sum_{j=1}^{n}\overline{a_{ij}}\alpha_j+\sum_{j=1}^{n}\overline{b_{ij}}\alpha_j\exp(\lambda\gamma)+\sum_{j=1}^{n}\overline{d_{ij}}\beta_j\exp(\lambda\tau)\right]\leqslant 0.$$

式(4.28)两边同时乘以 $e_{c_i}(t_0,\sigma(s))$,再从 t_0 积分到 t,使用引理 2.7 后,可得

$$\begin{aligned}y_i(t)&=y_i(t_0)e_{-c_i}(t,t_0)\\&\quad+\int_{t_0}^{t}e_{-c_i}(t,\sigma(s))\Big\{\sum_{j=1}^{n}a_{ij}(s)[f_j(y_j(s)+x_j^*(s))-f_j(x_j^*(s))]\\&\quad+\sum_{j=1}^{n}b_{ij}(s)[f_j(y_j(s-\gamma_{ij})+x_j^*(s-\gamma_{ij}))-f_j(x_j^*(s-\gamma_{ij}))]\\&\quad+\sum_{j=1}^{n}d_{ij}(s)[g_j(y_j^{\Delta}(s-\tau_{ij})+(x_j^*)^{\Delta}(s-\tau_{ij}))\\&\quad-g_j((x_j^*)^{\Delta}(s-\tau_{ij}))]\Big\}\Delta s.\end{aligned} \tag{4.31}$$

其中,$i=1,2,\cdots,n$. 此时,容易看出

$$\|y(t)\|_{\infty}^{1}=\|\psi(t)\|_{\infty}^{1}\leqslant\|\psi\|_{\infty}^{1}\leqslant Me_{\ominus\lambda}(t,t_0)\|\psi\|_{\infty}^{1},\ \forall t\in[-v,0]_{\mathbb{T}}.$$

其中,$\lambda\in\Re^+$. 现断言

$$\|y(t)\|_{\infty}^{1}\leqslant Me_{\ominus\lambda}(t,t_0)\|\psi\|_{\infty}^{1},\ \forall t\in(0,+\infty)_{\mathbb{T}}. \tag{4.32}$$

如果式(4.32)不成立,则存在某一点 $t_1\in(0,+\infty)_{\mathbb{T}}$,自然数 $i,\iota\in\{1,2,\cdots,n\}$,以及常数 $p>1$,使得

$$\begin{aligned}\|y(t_1)\|_{\infty}^{1}&=\max\{\|y(t_1)\|_{\infty},\|y^{\Delta}(t_1)\|_{\infty}\}=\max\{|y_i(t_1)|,|y_{\iota}^{\Delta}(t_1)|\}\\&=pMe_{\ominus\lambda}(t_1,t_0)\|\psi\|_{\infty}^{1}.\end{aligned} \tag{4.33}$$

而且

$$\|y(t)\|_{\infty}^{1}\leqslant pMe_{\ominus\lambda}(t,t_0)\|\psi\|_{\infty}^{1},\forall t\in[-v,t_1]_{\mathbb{T}}. \tag{4.34}$$

由式(4.31)～式(4.34)，以及条件$(C_2)-(C_5)$，可得

$$\begin{aligned}
|y_i(t_1)| &\leqslant e_{-c_i}(t_1,t_0)\|\psi\|_{\infty}^{1}+\int_{t_0}^{t_1}pM\|\psi\|_{\infty}^{1}e_{-c_i}(t_1,\sigma(s))\\
&\quad\times[\sum_{j=1}^{n}\overline{a_{ij}}\alpha_j e_{\ominus\lambda}(s,t_0)+\sum_{j=1}^{n}\overline{b_{ij}}\alpha_j e_{\ominus\lambda}(s-\gamma_{ij},t_0)\\
&\quad+\sum_{j=1}^{n}\overline{d_{ij}}\beta_j e_{\ominus\lambda}(s-\tau_{ij},t_0)]\Delta s\\
&\leqslant pM\|\psi\|_{\infty}^{1}e_{\ominus\lambda}(t_1,t_0)\{\frac{1}{pM}e_{-c_i}(t_1,t_0)e_{\ominus\lambda}(t_0,t_1)\\
&\quad+\int_{t_0}^{t_1}e_{-c_i}(t_1,\sigma(s))e_{\lambda}(t_1,\sigma(s))[\sum_{j=1}^{n}\overline{a_{ij}}\alpha_j e_{\lambda}(\sigma(s),s)\\
&\quad+\sum_{j=1}^{n}\overline{b_{ij}}\alpha_j e_{\lambda}(\sigma(s),s-\gamma_{ij})+\sum_{j=1}^{n}\overline{d_{ij}}\beta_j e_{\lambda}(\sigma(s),s-\tau_{ij})]\Delta s\}\\
&< pM\|\psi\|_{\infty}^{1}e_{\ominus\lambda}(t_1,t_0)\{\frac{1}{M}e_{-c_i\oplus\lambda}(t_1,t_0)\\
&\quad+[\sum_{j=1}^{n}\overline{a_{ij}}\alpha_j\exp(\lambda\sup_{s\in\mathbb{T}}\mu(s))+\sum_{j=1}^{n}\overline{b_{ij}}\alpha_j\exp(\lambda(\gamma+\sup_{s\in\mathbb{T}}\mu(s)))\\
&\quad+\sum_{j=1}^{n}\overline{d_{ij}}\beta_j\exp(\lambda(\tau+\sup_{s\in\mathbb{T}}\mu(s)))]\times\int_{t_0}^{t_1}e_{-c_i\oplus\lambda}(t_1,\sigma(s))\Delta s\}\\
&\leqslant pM\|\psi\|_{\infty}^{1}e_{\ominus\lambda}(t_1,t_0)\{\frac{1}{M}e_{-c_i\oplus\lambda}(t_1,t_0)\\
&\quad+[\sum_{j=1}^{n}\overline{a_{ij}}\alpha_j\exp(\lambda\sup_{s\in\mathbb{T}}\mu(s))+\sum_{j=1}^{n}\overline{b_{ij}}\alpha_j\exp(\lambda(\gamma+\sup_{s\in\mathbb{T}}\mu(s)))\\
&\quad+\sum_{j=1}^{n}\overline{d_{ij}}\beta_j\exp(\lambda(\tau+\sup_{s\in\mathbb{T}}\mu(s)))]\times\frac{1-e_{-c_i\oplus\lambda}(t_1,t_0)}{\underline{c_i}-\lambda}\}\\
&\leqslant pM\|\psi\|_{\infty}^{1}e_{\ominus\lambda}(t_1,t_0)\Big\{\Big(\frac{1}{M}-\frac{1}{\underline{c_i}-\lambda}\\
&\quad[\sum_{j=1}^{n}\overline{a_{ij}}\alpha_j\exp(\lambda\sup_{s\in\mathbb{T}}\mu(s))+\sum_{j=1}^{n}\overline{b_{ij}}\alpha_j\exp(\lambda(\gamma+\sup_{s\in\mathbb{T}}\mu(s)))\\
&\quad+\sum_{j=1}^{n}\overline{d_{ij}}\beta_j\exp(\lambda(\tau+\sup_{s\in\mathbb{T}}\mu(s)))]\Big)\times e_{-c_i\oplus\lambda}(t_1,t_0)\\
&\quad+\frac{1}{\underline{c_i}-\lambda}[\sum_{j=1}^{n}\overline{a_{ij}}\alpha_j\exp(\lambda\sup_{s\in\mathbb{T}}\mu(s))
\end{aligned}$$

$$+\sum_{j=1}^{n}\overline{b_{ij}}\alpha_j\exp(\lambda(\gamma+\sup_{s\in\mathbb{T}}\mu(s)))$$
$$+\sum_{j=1}^{n}\overline{d_{ij}}\beta_j\exp(\lambda(\tau+\sup_{s\in\mathbb{T}}\mu(s)))]\}<pMe_{\ominus\lambda}(t_1,t_0)\|\psi\|_{\infty}^{1}.$$
(4.35)

由引理 2.8,直接对式(4.31)两边同时求导后,可得

$$y_i^{\Delta}(t)=$$
$$-c_i(t)y_i(t_0)e_{-c_i}(t,t_0)\{\sum_{j=1}^{n}a_{ij}(t)[f_j(y_j(t)+x_j^*(t))-f_j(x_j^*(t))]$$
$$+\sum_{j=1}^{n}b_{ij}(t)[f_j(y_j(t-\gamma_{ij})+x_j^*(t-\gamma_{ij}))-f_j(x_j^*(t-\gamma_{ij}))]$$
$$+\sum_{j=1}^{n}d_{ij}(t)[g_j(y_j^{\Delta}(t-\tau_{ij})+(x_j^*)^{\Delta}(t-\tau_{ij}))-g_j((x_j^*)^{\Delta}(t-\tau_{ij}))]\}$$
$$+\int_{t_0}^{t}-c_i(t)e_{-c_i}(t,\sigma(s))\{\sum_{j=1}^{n}a_{ij}(s)[f_j(y_j(s)+x_j^*(s))-f_j(x_j^*(s))]$$
$$+\sum_{j=1}^{n}b_{ij}(s)[f_j(y_j(s-\gamma_{ij})+x_j^*(s-\gamma_{ij}))-f_j(x_j^*(s-\gamma_{ij}))]$$
$$+\sum_{j=1}^{n}d_{ij}(s)[g_j(y_j^{\Delta}(s-\tau_{ij})+(x_j^*)^{\Delta}(s-\tau_{ij}))-g_j((x_j^*)^{\Delta}(s-\tau_{ij}))\}\Delta s.$$
(4.36)

因此,由式(4.29),式(4.30),式(4.33),以及式(4.36),可得

$$|y_i^{\Delta}(t_1)|$$
$$\leqslant\overline{c_i}e_{-c_i}(t_1,t_0)\|\psi\|_{\infty}^{1}+\{\sum_{j=1}^{n}\overline{a_{ij}}\alpha_j|y_j(t_1)|$$
$$+\sum_{j=1}^{n}\overline{b_{ij}}\alpha_j|y_j(t_1-\gamma_{ij})|+\sum_{j=1}^{n}\overline{d_{ij}}\beta_j|y_j^{\Delta}(t_1-\tau_{ij})|\}$$
$$+\overline{c_i}\{\int_{t_0}^{t}e_{-c_i}(t_1,\sigma(s))(\sum_{j=1}^{n}\overline{a_{ij}}\alpha_j|y_j(s)|$$
$$+\sum_{j=1}^{n}\overline{b_{ij}}\alpha_j|y_j(s-\gamma_{ij})|+\sum_{j=1}^{n}\overline{d_{ij}}\beta_j|y_j^{\Delta}(s-\tau_{ij})|)\Delta s\}$$
$$\leqslant pM\|\psi\|_{\infty}^{1}e_{\ominus\lambda}(t_1,t_0)\{\frac{1}{pM}\overline{c_i}e_{-cl}(t_1,t_0)e_{\lambda}(t_1,t_0)$$
$$+\sum_{j=1}^{n}\overline{a_{ij}}\alpha_j+\sum_{j=1}^{n}\overline{b_{ij}}\alpha_je_{\lambda}(t_1,t_1-\gamma_{ij})+\sum_{j=1}^{n}\overline{d_{ij}}\beta_je_{\lambda}(t_1,t_1-\tau_{ij})$$

$$+\overline{c_i}\Big[\int_{t_0}^{t_1} e_{-c_i}(t_1,\sigma(s))e_\lambda(t_1,\sigma(s))\Big(\sum_{j=1}^{n}\overline{a_{ij}}\alpha_j e_\lambda(\sigma(s),s)$$

$$+\sum_{j=1}^{n}\overline{b_{ij}}\alpha_j e_\lambda(\sigma(s),s-\gamma_{ij})+\sum_{j=1}^{n}\overline{d_{ij}}\beta_j e_\lambda(\sigma(s),s-\tau_{ij})\Big)\Delta s\Big]\Big\}$$

$$< pM\|\psi\|_\infty^1 e_{\ominus\lambda}(t_1,t_0)\Big\{\Big(\frac{1}{M}-\frac{\exp(\lambda\sup_{s\in\mathbb{T}}\mu(s))}{\underline{c_i}-\lambda}\Big[\sum_{j=1}^{n}\overline{a_{ij}}\alpha_j$$

$$+\sum_{j=1}^{n}\overline{b_{ij}}\alpha_j\exp(\lambda\gamma)+\sum_{j=1}^{n}\overline{d_{ij}}\beta_j\exp(\lambda\tau)\Big]\Big)e_{-c_i\oplus\lambda}(t_1,t_0)$$

$$+\left(\frac{\overline{c_i}\exp(\lambda\sup_{s\in\mathbb{T}}\mu(s))}{\underline{c_i}-\lambda}+1\right)\Big[\sum_{j=1}^{n}\alpha_j(\overline{a_{ij}}+\overline{b_{ij}}\exp(\lambda\gamma))+\sum_{j=1}^{n}\overline{d_{ij}}\beta_j\exp(\lambda\tau)\Big]\Big\}$$

$$< pM\|\psi\|_\infty^1 e_{\ominus\lambda}(t_1,t_0). \tag{4.37}$$

由式(4.35)与式(4.37),可得

$$\|y(t_1)\|_\infty^1 < pMe_{\ominus\lambda}(t_1,t_0)\|\psi\|_\infty^1,$$

上式与式(4.33)矛盾,故式(4.32)成立。因此,系统(4.20)的加权伪概周期解满足时标上的全局指数稳定性。全局指数稳定性同时也说明加权伪概周期解是唯一的。

同理,从全局指数稳定性的定义出发,利用微分不等式技巧,可以讨论一般的细胞神经网络系统(4.27)的加权伪概周期解的全局指数稳定性。

推论 4.3　设条件(C_1)－(C_3)与条件(C_5)均成立。更进一步的,假设$I_i(i=1,2,\cdots,n)$都是时标上的概周期函数,则系统(4.20)在

$$E=\{\varphi\in AP^1(\mathbb{T},\mathbb{R}^n):\|\varphi\|_\infty^1\leqslant r_0\}$$

中,存在唯一的概周期解,而且它还满足时标上的全局指数稳定性。

推论 4.4　设条件(C_1)－(C_3)与条件(C_5)均成立。更进一步的,假设$I_i(i=1,2,\cdots,n)$都是时标上的伪概周期函数,则系统(4.20)在

$$E=\{\varphi\in PAP^1(\mathbb{T},\mathbb{R}^n):\|\varphi\|_\infty^1\leqslant r_0\}$$

中,存在唯一的伪概周期解,而且它还满足时标上的全局指数稳定性。

注 4.4　定理 4.3 与定理 4.4 再次验证了这样一件事实:若时标上的中立型神经网络满足一定的条件,当外部输入函数分别为概周期函数、伪概周期函数,以及加权伪概周期函数时,神经网络分别存在唯一的概周期解、伪概周期解,以及加权伪概周期解,而且,所得解函数满足时标上的全局指数稳定性。

在下一节中，将用具体的数值例子，验证定理 4.3 与定理 4.4 的有效性与可行性。

4.9 时标上中立型细胞神经网络的数值例子

在时标上考虑如下具有中立型时滞的细胞神经网络

$$x_i^{\Delta}(t)=-c_i(t)x_i(t)+\sum_{j=1}^{2}a_{ij}(t)f_j(x_j(t))+\sum_{j=1}^{2}b_{ij}(t)f_j(x_j(t-\gamma_{ij}))$$
$$+\sum_{j=1}^{2}d_{ij}(t)g_j(x_j^{\Delta}(t-\tau_{ij}))+I_i(t),i=1,2,t\in(0,+\infty)\cap\mathbb{T}, \tag{4.38}$$

其中权函数为 $u(t)=\frac{1}{4}+\frac{\mathrm{e}^{-t}}{2}$，以及

$$f_1(x)=\frac{\sin^4 x+2}{16},f_2(x)=\frac{\sin^6 x+3}{24},$$
$$g_1(x)=\frac{\cos^2 x+1}{8},g_2(x)=\frac{\cos^3 x+2}{12}.$$

例 4.2 $\mathbb{T}=\mathbb{R}$，$\mu(t)\equiv 0$：

$$c_1(t)=0.5+0.1|\cos(\sqrt{2}t)|,c_2(t)=0.7-0.2|\sin t|,$$
$$I_1(t)=\frac{\cos t+\sqrt{3}\sin t}{352},I_2(t)=\frac{\sin(\sqrt{2}t)+\cos(\sqrt{2}t)}{352},$$
$$a_{11}(t)=0.1|\cos t^2|,a_{12}(t)=0.05\cos^{12}t,$$
$$a_{21}(t)=0.05|\cos t|,a_{22}(t)=0.1|\sin t|,$$
$$b_{11}(t)=0.15|\sin t|,b_{12}(t)=0.1|\cos t|,$$
$$b_{21}(t)=0.05|\sin t|,b_{22}(t)=0.05|\sin t^3|,$$
$$d_{11}(t)=0.15\sin^2 t,d_{12}(t)=0.05|\sin t|,$$
$$d_{21}(t)=0.02\cos^3 t,d_{22}(t)=0.08|\sin t|.$$

取 $\gamma_{ij},\tau_{ij}(i,j=1,2)$ 是任意的实常数，则条件 $(C_2)-(C_4)$ 成立。取 $\alpha_1=\alpha_2=\beta_1=\beta_2=\frac{1}{4}$，则条件 (C_1) 成立。最后，验证条件 (C_5)，若取 $r_0=1$，则

$$\max\left\{\frac{\underline{c_1}+\overline{c_1}}{\underline{c_1}}\eta_1,\frac{\underline{c_2}+\overline{c_2}}{\underline{c_2}}\eta_2\right\}+L\max\{\overline{c_1}+\underline{c_1},\overline{c_2}+\underline{c_2}\}$$

$$=\max\{0.551,0.345\}+\frac{3\sqrt{2}}{220}\approx 0.571<r_0$$

与

$$\max\{\overline{\eta_1},\overline{\eta_2}\}=\max\{0.15,0.0375\}=0.15<0.455=\min\left\{\frac{\underline{c_1}}{\underline{c_1}+\overline{c_1}},\frac{\underline{c_2}}{\underline{c_2}+\overline{c_2}}\right\}$$

$$<0.5<\min\{\underline{c_1},\underline{c_2}\}<1<1.2=\max\{\overline{c_1}+\underline{c_1},\overline{c_2}+\underline{c_2}\}$$

同时成立。因此，当 $r_0=1$ 时，条件(C_5)成立。由定理 4.3 与定理 4.4，系统(4.38)在

$$E=\{\varphi\in PAP^1(\mathbb{T},\mathbb{R}^2,u):\|\varphi\|_\infty^1\leqslant r_0\}$$

中存在唯一的加权伪概周期解，而且，解函数还满足时标上的指数稳定性。

例 4.3　$\mathbb{T}=\mathbb{R}$，$\mu(t)\equiv 1$：

$$c_1(t)=0.9-0.1|\cos(\sqrt{2}t)|,c_2(t)=0.8+0.1|\sin t|,$$
$$I_1(t)=0.2\cos t,I_2(t)=0.25\sin(\sqrt{2}t),$$
$$a_{11}(t)=0.015|\cos^3 t|,a_{12}(t)=0.005|\sin t|,$$
$$a_{21}(t)=0.015|\cos t|,a_{22}(t)=0.025|\sin t^5|,$$
$$b_{11}(t)=0.015|\sin t|,b_{12}(t)=0.01|\cos t|,$$
$$b_{21}(t)=0.015|\sin t|,b_{22}(t)=0.025|\sin t|,$$
$$d_{11}(t)=0.1\cos^5 t,d_{12}(t)=0.1|\sin t|,$$
$$d_{21}(t)=0.05\sin^3 t,d_{22}(t)=0.05|cost|.$$

取 $\gamma_{ij},\tau_{ij}(i,j=1,2)$ 是任意的整常数，则条件(C_2)－(C_4)成立。取 $\alpha_1=\alpha_2=\beta_1=\beta_2=\dfrac{1}{4}$，则条件($C_1$)成立。最后，验证条件($C_5$)，若取 $r_0=1$，则

$$\max\left\{\frac{\underline{c_1}+\overline{c_1}}{\underline{c_1}}\eta_1,\frac{\underline{c_2}+\overline{c_2}}{\underline{c_2}}\eta_2\right\}+L\max\{\overline{c_1}+\underline{c_1},\overline{c_2}+\underline{c_2}\}$$

$$=\max\{0.248,0.17\}+0.531\approx 0.779<r_0,$$

与

$$\max\{\overline{\eta_1},\overline{\eta_2}\}=\max\{0.061,0.045\}=0.061<0.471=\min\left\{\frac{\underline{c_1}}{\underline{c_1}+\overline{c_1}},\frac{\underline{c_2}}{\underline{c_2}+\overline{c_2}}\right\}$$

$$<0.8<\min\{\underline{c_1},\underline{c_2}\}<1<1.7=\max\{\overline{c_1}+\underline{c_1},\overline{c_2}+\underline{c_2}\}$$

同时成立。因此，当 $r_0=1$ 时，条件(C_5)成立。由定理 4.3 与定理 4.4，系统(4.38)在 $E=\{\varphi\in PAP^1(\mathrm{T},\mathbb{R}^2,u):\|\varphi\|_\infty^1\leqslant r_0\}$ 中存在唯一的加权伪概周期解，而且，解函数还满足时标上的指数稳定性。

第5章　时标上神经网络的加权伪概自守解的存在性与全局指数稳定性

5.1　引　言

在前面两章中分别讨论了时标上的神经网络与中立型神经网络的概周期解、伪概周期解，以及加权伪概周期解的存在性与全局指数稳定性。相较于加权伪概周期函数，加权伪概自守函数更具有一般性，也更符合实际应用的需要，加权伪概周期函数一定是加权伪概自守函数，然而，加权伪概自守函数并不一定是加权伪概周期函数。因此，在这一章中将讨论时标上神经网络的加权伪概自守解的存在性与稳定性，与前两章类似中，本章中所采用的方法，也可以讨论时标上其他神经网络的加权伪概自守解的存在性与稳定性。

5.2　时标上的概自守函数与动力方程的概自守解

定义 5.1[79]　设 $\mathbb{T}$ 是一个概周期时标。

(i)称 $f:\mathbb{T}\to\aleph$ 是一个概自守函数，是指 Π 中的任意一个序列 $\{s_n\}_{n=1}^{\infty}$，都存在子序列 $\{\tau_n\}_{n=1}^{\infty}\subset\{s_n\}_{n=1}^{\infty}$，使得 $g(t)=\lim\limits_{n\to\infty}f(t+\tau_n)$ 在每一个 $t\in\mathbb{T}$ 处都有定义，且对于每一个 $t\in\mathbb{T}$，都有 $\lim\limits_{n\to\infty}g(t-\tau_n)=f(t)$ 成立。从 $\mathbb{T}$ 到 $\aleph$ 上全体概自守函数构成的集合，记为 $AA(\mathbb{T},\aleph)$；

(ii)一个连续函数 $f:\mathbb{T}\times\aleph\to\aleph$ 称作是概自守的，是指对于每一个固定的 $x\in\wp$，$f(t,x)$ 关于 $t\in\mathbb{T}$ 都是概自守的。其中 $\wp$ 是 $\aleph$ 的任意有界子集。所有这种类型的函数构成的集合，记为 $AA(\mathbb{T}\times\aleph,\aleph)$。

引理 5.1[59] 设 $f,g\in AA(\mathbb{T},\aleph)$，则

(i)$f+g\in AA(\mathbb{T},\aleph)$；

(ii)$\alpha f\in AA(\mathbb{T},\aleph)$，其中 α 是任意的实常数；

(iii)若 $\varphi:\aleph\to\aleph_0$ 是一个连续的函数，则复合函数 $\varphi\circ f:\mathbb{T}\to\aleph_0$ 是概自守函数。

由上面的引理，以及时标上概自守函数的定义，可以得到如下推论。

推论 5.1 如果 $f,g\in AA(\mathbb{T},\mathbb{R})$，则 $f+g,fg\in AA(\mathbb{T},\mathbb{R})$.

引理 5.2[60] 设 $f\in AA(\mathbb{T}\times\aleph,\aleph)$，$f$ 对于每一个 $t\in\mathbb{T}$，关于 $x\in\aleph$，一致的满足利普希兹条件。若 $\varphi\in AA(\mathbb{T},\aleph)$，则 $f(t,\varphi(t))$ 是时标上的概自守函数。

引理 5.3[61] 设 $A(t)\in AA(\mathbb{T},\mathbb{R}^{n\times n})$，且满足 $\{A^{-1}(t)\}_{t\in\mathbb{T}}$ 以及 $\{(I+\mu(t)A(t))^{-1}\}_{t\in\mathbb{T}}$ 都是有界的。更进一步地，假设 $g\in AA(\mathbb{T},\mathbb{R}^n)$，且系统

$$x^{\Delta}(t)=A(t)x(t) \tag{5.1}$$

满足时标上的指数二分性，则如下系统

$$x^{\Delta}(t)=A(t)x(t)+g(t) \tag{5.2}$$

存在解函数 $x(t)\in AA(\mathbb{T},\mathbb{R}^n)$，且 $x(t)$ 可以表示为如下形式

$$\begin{aligned}x(t)=&\int_{-\infty}^{t}X(t)PX^{-1}(\sigma(s))g(s)\Delta s\\&-\int_{t}^{+\infty}X(t)(I-P)X^{-1}(\sigma(s))g(s)\Delta s,\end{aligned}$$

其中，$X(t)$ 是系统(5.1)的基本解矩阵，I 为 n 阶单位矩阵。

5.3 时标上的加权伪概自守函数与动力方程的加权伪概自守解

定义 5.2 一个连续函数 $f:\mathbb{T}\to\aleph$ 称作是伪概自守函数，是指 f 可以表示 $f=g+h$，其中 $g\in AA(\mathbb{T},\aleph)$，$h\in PAP_0(\mathbb{T},\aleph)$。

从时标 $\mathbb{T}$ 到 $\mathbb{R}^n$ 的全体伪概自守函数,构成的集合,记为 $PAA(\mathbb{T},\mathbb{R}^n)$。由时标上的概自守函数与伪概自守函数的定义,可以直接得到如下引理。

引理 5.4　若 $f,g\in PAA(\mathbb{T},\mathbb{R})$,则 $f+g,fg\in PAA(\mathbb{T},\mathbb{R})$;若 $h\in AA(\mathbb{T},\mathbb{R})$,则 $fh\in PAA(\mathbb{T},\mathbb{R})$。

定义 5.3　设 $u\in \mathbb{U}_\infty$。一个连续函数 $f:\mathbb{T}\to\aleph$ 称作是加权伪概自守的,是指 f 可以改写为 $f=g+h$,其中 $g\in AA(\mathbb{T},\aleph)$,$h\in PAP_0(\mathbb{T},\aleph,u)$。

从时标 $\mathbb{T}$ 到 $\mathbb{R}^n$ 上的全体加权伪概自守函数构成的集合,记为 $PAA(\mathbb{T},\mathbb{R}^n,u)$。与时标上的加权伪概周期函数类似,当权函数 u 属于 $\mathbb{U}_\infty^{Inv}$,可以保证时标上加权伪概自守函数分解的唯一性,所以本章中,所考虑的权函数取自于权函数集合 $\mathbb{U}_\infty^{Inv}$。与引理 5.4 类似,利用时标上概自守函数与加权伪概自守函数的定义,可以直接得到如下的引理。

引理 5.5　设 $u\in\in \mathbb{U}_\infty^{Inv}$。若 $f,g\in PAA(\mathbb{T},\mathbb{R},u)$,则 $f+g,fg\in PAA(\mathbb{T},\mathbb{R},u)$;若 $h\in AA(\mathbb{T},\mathbb{R})$,则 $fh\in PAA(\mathbb{T},\mathbb{R},u)$。

由定理 2.4 与引理 5.3,可以得到时标上动力方程的加权伪概自守解存在的充分条件。

定理 5.1　设 $u\in \mathbb{U}_\infty^{Inv}$。设 $A(t)\in AA(\mathbb{T},\mathbb{R}^{n\times n})$,且满足 $\{A^{-1}(t)\}_{t\in\mathbb{T}}$ 以及 $\{(I+\mu(t)A(t))^{-1}\}_{t\in\mathbb{T}}$ 都是有界的。更进一步地,假设 $g\in PAA(\mathbb{T},\mathbb{R}^n)$,且系统(5.1)满足时标上的指数二分性,则系统(5.2)存在解函数 $x(t)\in PAA(\mathbb{T},\mathbb{R}^n)$,且 $x(t)$ 可以表示为如下形式

$$x(t)=\int_{-\infty}^{t}X(t)PX^{-1}(\sigma(s))g(s)\Delta s$$
$$-\int_{t}^{+\infty}X(t)(I-P)X^{-1}(\sigma(s))g(s)\Delta s,$$

其中,$X(t)$ 是系统(5.1)的基本解矩阵,I 为 n 阶单位矩阵。

接下来,本章将以时标上的带有连接项的 BAM 神经网络为例,探讨时标上的神经网络的加权伪概自守解的存在性与全局指数稳定性。在时标上考虑如下的神经网络

$$\begin{cases} x_i^{\Delta}(t) = -a_i(t)x_i(t-\alpha_i(t)) + \sum_{j=1}^{m} p_{ji}(t)f_j(y_j(t-\gamma_{ji}(t))) \\ + \sum_{j=1}^{m} r_{ji}(t)h_j(y_j^{\Delta}(t-\varphi_{ji}(t))) + I_i(t), t \in \mathbb{T}, i=1,2,\cdots,n, \\ y_j^{\Delta}(t) = -b_j(t)y_j(t-\beta_j(t)) + \sum_{i=1}^{n} q_{ij}(t)g_i(x_i(t-\rho_{ij}(t))) \\ + \sum_{i=1}^{n} \vartheta_{ij}(t)k_i(x_i^{\Delta}(t-\varepsilon_{ij}(t))) + J_j(t), t \in \mathbb{T}, j=1,2,\cdots,m \end{cases} \tag{5.3}$$

其中，T 是一个概周期时标；$x_i(t)$与 $y_j(t)$分别在 t 时刻，第 i 条神经元与第 j 条神经元的活动状态；$a_i(t)$，$b_j(t)$均是正值函数，它们分别表示在 t 时刻，当断开神经网络与外部输入时，第 i 条神经元与第 j 条神经元可能会出现重置，而导致静止孤立状态的比例；p_{ji}，r_{ji}，q_{ij}，ϑ_{ij} 都是神经网络的连接权重函数；γ_{ji}，ϕ_{ji}，ρ_{ij}，ε_{ij} 都是非负函数，它们表示在第 i 条神经元与第 j 条神经元之间，符号传输过程中所产生的时滞；$I_i(t)$，$J_j(t)$表示在 t 时刻，神经网络的外部输入；g_j，h_j，g_i，k_i 都是符号传输过程中的作用函数；α_i，β_j 都是正值函数，它们表示的是连接项的时滞。

系统(5.3)的初值条件为

$$x_i(s)=\varphi_i(s), x_i^{\Delta}(s)=\varphi_i^{\Delta}(s), y_j(s)=\varphi_{n+j}(s), y_j^{\Delta}(s) \\ =\varphi_{n+j}^{\Delta}(s), s\in[-v,0]_{\mathbb{T}}.$$

其中，

$$v=\max_{1\leqslant i\leqslant n,1\leqslant j\leqslant m}\sup_{t\in\mathbb{T}}\{\alpha_i(t),\beta_j(t),\gamma_{ji}(t),\varphi_{ji}(t),\rho_{ij}(t),\varepsilon_{ij}(t)\},$$

$$\varphi_k\in C^1([-v,0]_{\mathbb{T}},\mathbb{R})(k=1,2,\cdots,n+m)。$$

5.4 时标上神经网络的加权伪概自守解的存在性

首先，引入一些常用记号。$x=(x_1,x_2,\cdots,x_{n+m})^{\mathrm{T}}$ 表示 $\mathbb{R}^{n+m}$ 中的一个向量。$|x|$表示 x 的绝对值向量，即$|x|=(|x_1|,|x_2|,\cdots,|x_n|)^{\mathrm{T}}$。向量的范数定义如下$\|x\|=\max\limits_{1\leqslant i\leqslant n+m}|x_i|$，而矩阵范数定义如下$\|A\|=\max\limits_{1\leqslant i\leqslant n,1\leqslant j\leqslant m}|a_{ij}|$。

设 $u\in U_{\infty}^{Inv}$。令 $PAA(\mathbb{T},\mathbb{R},u)=\{c(t):c(t)$是时标 $\mathbb{T}$ 上的加权伪概自守函数$\}$.

$$PAA^1(\mathbb{T},\mathbb{R},u)=\{c(t)\in C^1(\mathbb{T},\mathbb{R}):c(t),c^{\Delta}(t)\in PAA(\mathbb{T},\mathbb{R},u)\},$$

以及

$$\aleph=\{\varphi=(\varphi_1(t),\cdots,\varphi_{n+1}(t),\cdots,\varphi_{n+m}(t))^{\mathrm{T}}:\varphi_1(t)\in PAA^1(\mathbb{T},\mathbb{R},u),\ i=1,2,\cdots,n+m\},$$

对于任意的 $\varphi\in\aleph$，定义范数 $\|\varphi\|_{\mathbb{R}}=\max\{\|\varphi\|_0,\|\varphi^{\Delta}\|_0\}=\sup\limits_{t\in\mathbb{T}}\|\varphi(t)\|_1$，其中

$$\|\varphi\|_0=\sup_{t\in\mathbb{T}}\|\varphi(t)\|,\ \|\varphi(t)\|_1=\max\{\|\varphi(t)\|,\|\varphi^{\Delta}(t)\|\},$$

$$\varphi^{\Delta}(t)=(\varphi_1^{\Delta}(t),\cdots,\varphi_{n+m}^{\Delta}(t))^{\mathrm{T}},$$

则$\aleph$成为一个巴拿赫空间。

定理 5.2　假设

(H_1) $f_j,h_j,g_i,k_i\in C(\mathbb{R},\mathbb{R})$，且存在正常数 $L_{f_j},L_{h_j},L_{g_i},L_{k_i}$，使得

$$|f_j(u)-f_j(v)|\leqslant L_{f_j}|u-v|,\ |h_j(u)-h_j(v)|\leqslant L_{h_j}|u-v|,$$

$$|g_i(u)-g_i(v)|\leqslant L_{g_i}|u-v|,$$

$$|k_i(u)-k_i(v)|\leqslant L_{k_i}|u-v|,\ u,v\in\mathbb{R},\ i=1,2,\cdots,n,\ j=1,2,\cdots,m;$$

(H_2) $a_i,b_j\in C(\mathbb{T},\mathbb{R}^+)$满足$-a_i,-b_j\in\Re^+$，以及

$$\min\{\inf_{t\in\mathbb{T}}\{1-\mu(t)a_i(t)\},\inf_{t\in\mathbb{T}}\{a_i(t)\}\}=\underline{\underline{a_i}}>0,$$

$$\min\{\inf_{t\in\mathbb{T}}\{1-\mu(t)b_j(t)\},\inf_{t\in\mathbb{T}}\{b_j(t)\}\}=\underline{\underline{b_j}}>0,$$

$p_{ji},r_{ji},q_{ij},\vartheta_{ij},I_i,J_j\in C(\mathbb{T},\mathbb{R})$，$\alpha_i,\beta_j,\gamma_{ji},\varphi_{ji},\rho_{ij},\varepsilon_{ij}\in C(\mathbb{T},\mathbb{R}^+)$都是加权伪概自守函数，其中 $i=1,2,\cdots,n$，$j=1,2,\cdots,m$；

(H_3) $t-\alpha_i(t),t-\beta_j(t),t-\gamma_{ji}(t),t-\varphi_{ji}(t),t-\rho_{ij}(t),t-\varepsilon_{ij}(t)\in\mathbb{T}$，$\forall t\in\mathbb{T}$，$i=1,2,\cdots,n$，$j=1,2,\cdots,m$；

(H_4) 存在常数 r_0，使得

$$\max_{1\leqslant i\leqslant n,1\leqslant j\leqslant m}\left\{\frac{\overline{a_i}+\underline{a_i}}{\underline{a_i}}\eta_i,\frac{\overline{b_j}+\underline{b_j}}{\underline{b_j}}\eta_j\right\}+\max\{L_1,L_2\}\leqslant r_0,$$

$$0<\Pi_i<\frac{\underline{a_i}}{\overline{a_i}+\underline{a_i}}<\underline{a_i},\ 0<\overline{\Pi_j}<\frac{\underline{b_j}}{\overline{b_j}+\underline{b_j}}<\underline{b_j},\ i=1,2,\cdots,n,\ j=1,2,\cdots,m,$$

其中

$$\eta_i=\overline{a_i}r_0\overline{\alpha_i}+\sum_{j=1}^{m}[\overline{p_{ji}}(|f_j(0)|+L_{f_j}r_0)+\overline{r_{ji}}(|h_j(0)|+L_{h_j}r_0)],$$

$$\overline{\eta_j}=\overline{b_j}r_0\overline{\beta_j}+\sum_{i=1}^{n}[\overline{q_{ij}}(|g_i(0)|+L_{g_i}r_0)+\overline{\vartheta_{ij}}(|k_i(0)|+L_{k_i}r_0)],$$

$$\Pi_i=\overline{a_i}\,\overline{\alpha_i}+\sum_{j=1}^{m}(\overline{p_{ji}}L_{f_j}+\overline{r_{ji}}L_{h_j}),\Pi_j=\overline{b_j}\,\overline{\beta_j}+\sum_{i=1}^{n}(\overline{q_{ij}}L_{g_i}+\overline{\vartheta_{ij}}L_{k_i}),$$

$$L_1=\max_{1\leqslant i\leqslant n}\left\{\frac{\overline{a_i}+a_i}{\underline{a_i}}\overline{I_i}\right\},L_2=\max_{1\leqslant j\leqslant m}\left\{\frac{\overline{b_j}+b_j}{\underline{b_j}}\overline{J_j}\right\},\underline{a_i}=\inf_{t\in\mathbb{T}}a_i(t),\underline{b_j}=\inf_{t\in\mathbb{T}}b_j(t),$$

$$\overline{a_i}=\sup_{t\in\mathbb{T}}a_i(t),\overline{b_j}=\sup_{t\in\mathbb{T}}b_j(t),\overline{h}=\sup_{t\in\mathbb{T}}|h(t)|,\forall h\in AA(\mathbb{T},\mathbb{R})$$

成立，则系统(5.3)在区域

$$E=\{\varphi\in\mathbb{R}:\|\varphi\|_{\mathbb{R}}\leqslant r_0\}$$

中存在唯一的加权伪概自守解。

证明：对于任意的 $\varphi=(\varphi_1,\cdots,\varphi_n,\varphi_{n+1},\cdots,\varphi_{n+m})^{\mathrm{T}}\in\mathbb{R}$，考虑如下的微分方程

$$\begin{cases}x_i^{\Delta}(t)=-a_i(t)x_i(t)+a_i(t)\int_{t-\alpha_i(t)}^{t}\varphi_i^{\Delta}(s)\Delta s+\sum_{j=1}^{m}p_{ji}(t)f_j(\varphi_{n+j}(t-\gamma_{ji}(t)))\\ \qquad+\sum_{j=1}^{m}r_{ji}(t)h_j(\varphi_{n+j}^{\Delta}(t-\varphi_{ji}(t)))+I_i(t),t\in\mathbb{T},i=1,2,\cdots,n,\\ y_j^{\Delta}(t)=-b_j(t)y_j(t)+b_j(t)\int_{t-\beta_j(t)}^{t}\varphi_{n+j}^{\Delta}(s)\Delta s+\sum_{i=1}^{n}q_{ij}(t)g_i(\varphi_i(t-\rho_{ij}(t)))\\ \qquad+\sum_{i=1}^{n}\vartheta_{ij}(t)k_i(\varphi_i^{\Delta}(t-\varepsilon_{ij}(t)))+J_j(t),t\in\mathbb{T},j=1,2,\cdots,m\end{cases}\tag{5.4}$$

以及它所对应的齐次方程

$$\begin{cases}x_i^{\Delta}(t)=-a_i(t)x_i(t),i=1,2,\cdots,n\\ y_j^{\Delta}(t)=-b_j(t)y_j(t),j=1,2,\cdots,m\end{cases}\tag{5.5}$$

显然

$$X(t)=\mathrm{diag}(\mathrm{e}_{-a_1}(t,\bar{t}),\cdots,\mathrm{e}_{-a_n}(t,\bar{t}),\mathrm{e}_{-b_1}(t,\bar{t}),\cdots,\mathrm{e}_{-b_m}(t,\bar{t}))$$

(其中 $\bar{t}=\min\{[0,+\infty)_{\mathbb{T}}\}$ 是系统(5.5)的一个基本解矩阵，且对于任意的 $\sigma(s)\leqslant t$，有

$$\begin{aligned}&\|X(t)X^{-1}(\sigma(s))\|\\ &=\|\mathrm{diag}(\mathrm{e}_{-a_1}(t,\bar{t}),\cdots,\mathrm{e}_{-a_n}(t,\bar{t}),\mathrm{e}_{-b_1}(t,\bar{t}),\cdots,\mathrm{e}_{-b_m}(t,\bar{t}))\\ &\quad\times\mathrm{diag}(\mathrm{e}_{-a_1}(\bar{t},\sigma(s)),\cdots,\mathrm{e}_{-a_n}(\bar{t},\sigma(s)),\mathrm{e}_{-b_1}(\bar{t},\sigma(s)),\cdots,\mathrm{e}_{-b_m}(\bar{t},\sigma(s)))\|\\ &=\|\mathrm{diag}(\mathrm{e}_{-a_1}(t,\sigma(s)),\cdots,\mathrm{e}_{-a_n}(t,\sigma(s)),\mathrm{e}_{-b_1}(t,\sigma(s)),\cdots,\mathrm{e}_{-b_m}(t,\sigma(s)))\|\end{aligned}$$

$$=\max\{e_{-a_1}(t,\sigma(s)),\cdots,e_{-a_n}(t,\sigma(s)),e_{-b_1}(t,\sigma(s)),\cdots,e_{-b_m}(t,\sigma(s))\}$$

成立。此时，容易看出

$$1+\mu(t)(\ominus a_i)(t)=1+\mu(t)\frac{-a_i(t)}{1+\mu(t)a_i(t)}=\frac{1}{1+\mu(t)a_i(t)}>0,$$
$$i=1,2,\cdots,n,$$
$$1+\mu(t)(\ominus b_j)(t)=1+\mu(t)\frac{-b_j(t)}{1+\mu(t)b_j(t)}=\frac{1}{1+\mu(t)b_j(t)}>0,$$
$$j=1,2,\cdots,m,$$

即 $\ominus a_i,\ominus b_j(i=1,2,\cdots,n,j=1,2,\cdots,m)\in\Re^+$. 另一方面

$$-a_i(t)\leqslant\frac{-a_i(t)}{1+\mu(t)a_i(t)}=(\ominus a_i)(t),\ \forall t\in\mathbb{T},i=1,2,\cdots,n,$$

$$-b_j(t)\leqslant\frac{-b_j(t)}{1+\mu(t)b_j(t)}=(\ominus b_j)(t),\ \forall t\in\mathbb{T},j=1,2,\cdots,m.$$

由引理 2.14，可得

$$\|X(t)X^{-1}(\sigma(s))\|\leqslant\max\{e_{\ominus a_1}(t,\sigma(s)),\cdots,e_{\ominus a_n}(t,\sigma(s)),$$
$$e_{\ominus b_1}(t,\sigma(s)),\cdots,e_{\ominus b_m}(t,\sigma(s))\}$$
$$\leqslant e_{\ominus\iota}(t,\sigma(s)),\iota=\min_{1\leqslant i\leqslant n,1\leqslant j\leqslant m}\{\underline{a_i},\underline{b_j}\},$$

即，系统(5.5)满足时标上的指数二分性。由引理 5.5 得

$$F(t)=(F_1(t),F_2(t),\cdots,F_{n+m}(t))^{\mathrm{T}}\in PAA(\mathbb{T},\mathbb{R}^{n+m},u),$$

其中

$$F_i(t)=a_i(t)\int_{t-\alpha_i(t)}^{t}\varphi_i^{\Delta}(s)\Delta s+\sum_{j=1}^{m}p_{ji}(t)f_j(\varphi_{n+j}(t-\gamma_{ji}(t)))$$
$$+\sum_{j=1}^{m}r_{ji}(t)h_j(\varphi_{n+j}^{\Delta}(t-\varphi_{ji}(t)))+I_i(t),i=1,2,\cdots,n,$$
$$F_{n+j}(t)=b_j(t)\int_{t-\beta_j(t)}^{t}\varphi_{n+j}^{\Delta}(s)\Delta s+\sum_{i=1}^{n}q_{ij}(t)g_i(\varphi_i(t-\rho_{ij}(t)))$$
$$+\sum_{i=1}^{n}\vartheta_{ij}(t)k_i(\varphi_i^{\Delta}(t-\varepsilon_{ij}(t)))+J_j(t),j=1,2,\cdots,m.$$

从而，由定理 5.1，系统(5.5)有一个加权伪概自守解

$$x_{\varphi}(t)=\int_{-\infty}^{t}X(t)X^{-1}(\sigma(s))F(s)\Delta s=(x_{\varphi 1}(t),\cdots,$$
$$x_{\varphi n}(t),y_{\varphi n+1}(t),\cdots,y_{\varphi n+m}(t))^{\mathrm{T}},$$

其中

$$x_{\varphi i}(t)=\int_{-\infty}^{t}e_{-a_i}(t,\sigma(s))F_i(s)\Delta s,i=1,2,\cdots,n,$$

$$y_{\varphi n+j}(t)=\int_{-\infty}^{t}\mathrm{e}_{-b_j}(t,\sigma(s))F_{n+j}(s)\Delta s,j=1,2,\cdots,m.$$

另一方面

$$x_{\varphi_i}^{\Delta}(t)=-a_i(t)x_{\varphi_i}(t)+F_i(t),i=1,2,\cdots,n,$$
$$y_{\varphi n+j}^{\Delta}(t)=-b_j(t)y_{\varphi n+j}(t)+F_{n+j}(t),j=1,2,\cdots,m,$$

都是加权伪概自守函数，即 $x_\varphi(t)\in\aleph$。接下来，在$\aleph$上定义非线性算子，如下

$$\Phi(\varphi)(t)=(x_{\varphi 1}(t),\cdots,x_{\varphi n}(t),y_{\varphi n+1}(t),\cdots,y_{\varphi n+m}(t))^{\mathrm{T}},\forall\varphi\in\aleph.$$

首先，需要验证 $\Phi(E)\subset E$. 对于任意的 $\varphi\in E$，只需验证$\|\Phi(\varphi)\|_\aleph\leqslant r_0$ 即可。由条件$(H_1)-(H_4)$，可得

$$\begin{aligned}
&\sup_{t\in\mathbb{T}}|x_{\varphi i}(t)|\\
&=\sup_{t\in\mathbb{T}}\{|\int_{-\infty}^{t}\mathrm{e}_{-a_i}(t,\sigma(s))(a_i(s)\int_{s-\alpha_i(s)}^{s}\varphi_i^{\Delta}(u)\Delta u\\
&\quad+\sum_{j=1}^{m}p_{ji}(s)f_j(\varphi_{n+j}(s-\gamma_{ji}(s)))\\
&\quad+\sum_{j=1}^{m}r_{ji}(s)h_j(\varphi_{n+j}^{\Delta}(s-\varphi_{ji}(s)))+I_i(s))\Delta s|\}\\
&\leqslant\sup_{t\in\mathbb{T}}\{|\int_{-\infty}^{t}\mathrm{e}_{-\underline{a_i}}(t,\sigma(s))(\overline{a_i}\|\varphi^{\Delta}\|_0\overline{\alpha_i}+\sum_{j=1}^{m}\overline{p_{ji}}f_j(\varphi_{n+j}(s-\gamma_{ji}(s)))\\
&\quad+\sum_{j=1}^{m}\overline{r_{ji}}h_j(\varphi_{n+j}^{\Delta}(s-\varphi_{ji}(s))))\Delta s|\}+\frac{\overline{I_i}}{\underline{a_i}}\\
&\leqslant\sup_{t\in\mathbb{T}}\{|\int_{-\infty}^{t}\mathrm{e}_{-\underline{a_i}}(t,\sigma(s))(\overline{a_i}\|\varphi^{\Delta}\|_0\overline{\alpha_i}\\
&\quad+\sum_{j=1}^{m}\overline{p_{ji}}(|f_j(0)|+L_{f_j}|\varphi_{n+j}(s-\gamma_{ji}(s))|)\\
&\quad+\sum_{j=1}^{m}\overline{r_{ji}}(|h_j(0)|+L_{h_j}|\varphi_{n+j}^{\Delta}(s-\varphi_{ji}(s)))|)\Delta s|\}+\frac{\overline{I_i}}{\underline{a_i}}\\
&\leqslant\sup_{t\in\mathbb{T}}\{|\int_{-\infty}^{t}\mathrm{e}_{-\underline{a_i}}(t,\sigma(s))(\overline{a_i}r_0\overline{\alpha_i}+\sum_{j=1}^{m}\overline{p_{ji}}(|f_j(0)|+L_{f_j}r_0)\\
&\quad+\sum_{j=1}^{m}\overline{r_{ji}}(|h_j(0)|+L_{h_j}r_0))\Delta s|\}+\frac{\overline{I_i}}{\underline{a_i}}\\
&\leqslant\frac{\eta_i}{\underline{a_i}}+\frac{\overline{I_i}}{\underline{a_i}}\\
&\leqslant\frac{\overline{a_i}+\underline{a_i}}{\underline{a_i}}\eta_i+\frac{\overline{a_i}+\underline{a_i}}{\underline{a_i}}\overline{I_i}\leqslant\frac{\overline{a_i}+\underline{a_i}}{\underline{a_i}}\eta_i+L_1\leqslant r_0.
\end{aligned}$$

$$+\sum_{i=1}^{n}\overline{\vartheta_{ij}}(|k_i(0)|+L_{k_i}|\varphi_i^{\Delta}(s-\varepsilon_{ij}(s))|)\Delta s|\}+\frac{\overline{J_j}}{\underline{b_j}} \tag{5.6}$$

$$\sup_{t\in\mathbb{T}}|y_{\varphi n+j}(t)|$$

$$=\sup_{t\in\mathbb{T}}\{|\int_{-\infty}^{t}e_{-b_j}(t,\sigma(s))(b_j(s)\int_{s-\beta_j(s)}^{s}\varphi_{n+j}^{\Delta}(u)\Delta u$$

$$+\sum_{i=1}^{n}q_{ij}(s)g_i(\varphi_i(s-\rho_{ij}(s)))$$

$$+\sum_{i=1}^{n}\vartheta_{ij}(s)k_i(\varphi_i^{\Delta}(s-\varepsilon_{ij}(s)))+J_j(s))\Delta s|\}$$

$$\leqslant\sup_{t\in\mathbb{T}}\{|\int_{-\infty}^{t}e_{-\underline{b_j}}(t,\sigma(s))(\overline{b_j}\|\varphi^{\Delta}\|_0\overline{\beta_j}+\sum_{i=1}^{n}\overline{q_{ij}}g_i(\varphi_i(s-\rho_{ij}(s)))$$

$$+\sum_{i=1}^{n}\overline{\vartheta_{ij}}k_i(\varphi_i^{\Delta}(s-\varepsilon_{ij}(s))))\Delta s|\}+\frac{\overline{J_j}}{\underline{b_j}}$$

$$\leqslant\sup_{t\in\mathbb{T}}\{|\int_{-\infty}^{t}e_{-\underline{b_j}}(t,\sigma(s))(\overline{b_j}\|\varphi^{\Delta}\|_0\overline{\beta_j}$$

$$+\sum_{i=1}^{n}\overline{q_{ij}}(|g_i(0)|+L_{g_i}|\varphi_i(s-\rho_{ij}(s))|)$$

$$+\sum_{i=1}^{n}\overline{\vartheta_{ij}}(|k_i(0)|+L_{k_i}|\varphi_i^{\Delta}(s-\varepsilon_{ij}(s))|))\Delta s|\}+\frac{\overline{J_j}}{\underline{b_j}}$$

$$\leqslant\sup_{t\in\mathbb{T}}\{|\int_{-\infty}^{t}e_{-\underline{b_j}}(t,\sigma(s))(\overline{b_j}r_0\overline{\beta_j}+\sum_{i=1}^{n}\overline{q_{ij}}(|g_i(0)|+L_{g_i}r_0)$$

$$+\sum_{i=1}^{n}\overline{\vartheta_{ij}}(|k_i(0)|+L_{k_i}r_0))\Delta s|\}+\frac{\overline{J_j}}{\underline{b_j}}$$

$$\leqslant\frac{\overline{\eta_j}}{\underline{b_j}}+\frac{\overline{J_j}}{\underline{b_j}}$$

$$\leqslant\frac{\overline{b_j}+\underline{b_j}}{\underline{b_j}}\overline{\eta_j}+\frac{\overline{b_j}+\underline{b_j}}{\underline{b_j}}\overline{J_j}\leqslant\frac{\overline{b_j}+\underline{b_j}}{\underline{b_j}}\overline{\eta_j}+L_2\leqslant r_0, \tag{5.7}$$

与

$$\sup_{t\in\mathbb{T}}|x_{\varphi i}^{\Delta}(t)|$$

$$=\sup_{t\in\mathbb{T}}\{|(a_i(t)\int_{t-\alpha_i(t)}^{t}\varphi_i^{\Delta}(s)\Delta s+\sum_{j=1}^{m}p_{ji}(t)f_j(\varphi_{n+j}(t-\gamma_{ji}(t)))$$

$$+\sum_{j=1}^{m}r_{ji}(t)h_j(\varphi_{n+j}^{\Delta}(t-\varphi_{ji}(t)))+I_i(t))$$

$$-a_i(t)\int_{-\infty}^{t}e_{-a_i}(t,\sigma(s))(a_i(s)\int_{s-\alpha_i(s)}^{s}\varphi_i^{\Delta}(u)\Delta u$$

$$
\begin{aligned}
&+\sum_{j=1}^{m} p_{ji}(s) f_j(\varphi_{n+j}(s-\gamma_{ji}(s))) \\
&+\sum_{j=1}^{m} r_{ji}(s) h_j(\varphi_{n+j}^{\Delta}(s-\varphi_{ji}(s)))+I_i(s))\Delta s \,|\} \\
\leqslant & \sup_{t\in\mathbb{T}}\{\overline{a_i}\|\varphi^{\Delta}\|_0\,\overline{\alpha_i}+\sum_{j=1}^{m}\overline{p_{ji}}(|f_j(0)|+L_{f_j}\,|\varphi_{n+j}(t-\gamma_{ji}(t))|) \\
&+\sum_{j=1}^{m}\overline{r_{ji}}(|h_j(0)|+L_{h_j}\,|\varphi_{n+j}^{\Delta}(t-\varphi_{ji}(t))|)+|I_i(t)| \\
&+\overline{a_i}[\int_{-\infty}^{t} e_{-a_i}(t,\sigma(s))(\overline{a_i}\|\varphi^{\Delta}\|_0\,\overline{\alpha_i} \\
&+\sum_{j=1}^{m}\overline{p_{ji}}(|f_j(0)|+L_{f_j}\,|\varphi_{n+j}(s-\gamma_{ji}(s))|) \\
&+\sum_{j=1}^{m}\overline{r_{ji}}(|h_j(0)|+L_{h_j}\,|\varphi_{n+j}^{\Delta}(s-\varphi_{ji}(s))|)+|I_i(s)|)\Delta s]\} \\
\leqslant & \overline{a_i}r_0\,\overline{\alpha_i}+\sum_{j=1}^{m}\overline{p_{ji}}(|f_j(0)|+L_{f_j}r_0)+\sum_{j=1}^{m}\overline{r_{ji}}(|h_j(0)|+L_{h_j}r_0)+\overline{I_i} \\
&+\overline{a_i}[\int_{-\infty}^{t} e_{-\underline{a_i}}(t,\sigma(s))(\overline{a_i}r_0\,\overline{\alpha_i}+\sum_{j=1}^{m}\overline{p_{ji}}(|f_j(0)|+L_{f_j}r_0) \\
&+\sum_{j=1}^{m}\overline{r_{ji}}(|h_j(0)|+L_{h_j}r_0))\Delta s+\frac{\overline{I_i}}{\underline{a_i}}] \\
\leqslant & \frac{\overline{a_i}+\overline{a_i}}{\underline{a_i}}\eta_i+\max_{1\leqslant i\leqslant n}\left\{\frac{\overline{a_i}+\overline{a_i}}{\underline{a_i}}\overline{I_i}\right\} \\
\leqslant & \frac{\overline{a_i}+a_i}{\underline{a_i}}\eta_i+L_1\leqslant r_0,
\end{aligned}
\tag{5.8}
$$

$$
\begin{aligned}
&\sup_{t\in\mathbb{T}}|y_{\varphi_{n+j}}^{\Delta}(t)| \\
=&\sup_{t\in\mathbb{T}}\{|(b_j(t)\int_{t-\beta_j(t)}^{t}\varphi_{n+j}^{\Delta}(s)\Delta s+\sum_{i=1}^{n}q_{ij}(t)g_i(\varphi_i(t-\rho_{ij}(t))) \\
&+\sum_{i=1}^{n}\vartheta_{ij}(t)k_i(\varphi_i^{\Delta}(t-\varepsilon_{ij}(t)))+J_j(t) \\
&-b_j(t)\int_{-\infty}^{t}e_{-b_j}(t,\sigma(s))(b_j(s)\int_{s-\beta_j(s)}^{s}\varphi_{n+j}^{\Delta}(u)\Delta u \\
&+\sum_{i=1}^{n}q_{ij}(s)g_i(\varphi_i(s-\rho_{ij}(s)))+\sum_{i=1}^{n}\vartheta_{ij}(s)k_i(\varphi_i^{\Delta}(s-\varepsilon_{ij}(s)))+J_j(s))\Delta s\,|\} \\
\leqslant&\sup_{t\in\mathbb{T}}\{\overline{b_j}\|\varphi^{\Delta}\|_0\,\overline{\beta_j}+\sum_{i=1}^{n}\overline{q_{ij}}(|g_i(0)|+L_{g_i}\,|\varphi_i(t-\rho_{ij}(t))|)
\end{aligned}
$$

$$+\sum_{i=1}^{n}\overline{\vartheta_{ij}}(|k_i(0)|+L_{k_i}|\varphi_i^{\Delta}(t-\varepsilon_{ij}(t))|)+|J_j(t)|$$

$$+\overline{b_j}[\int_{-\infty}^{t}e_{-b_j}(t,\sigma(s))(\overline{b_j}\|\varphi^{\Delta}\|_0\overline{\beta_j}+\sum_{i=1}^{n}\overline{q_{ij}}(|g_i(0)|+L_{g_i}|\varphi_i(s-\rho_{ij}(s))|)$$

$$+\sum_{i=1}^{n}\overline{\vartheta_{ij}}(|k_i(0)|+L_{k_i}|\varphi_i^{\Delta}(s-\varepsilon_{ij}(s))|)+|J_j(s)|)\Delta s]\}$$

$$\leqslant\overline{b_j}r_0\overline{\beta_j}+\sum_{i=1}^{n}\overline{q_{ij}}(|g_i(0)|+L_{g_i}r_0)+\sum_{i=1}^{n}\overline{\vartheta_{ij}}(|k_i(0)|+L_{k_i}r_0)+\overline{J_j}$$

$$+\overline{b_j}[\int_{-\infty}^{t}e_{-\underline{b_j}}(t,\sigma(s))(\overline{b_j}r_0\overline{\beta_j}+\sum_{i=1}^{n}\overline{q_{ij}}(|g_i(0)|+L_{g_i}r_0)$$

$$+\sum_{i=1}^{n}\overline{\vartheta_{ij}}(|k_i(0)|+L_{k_i}r_0))\Delta s+\frac{\overline{J_j}}{\underline{b_j}}]$$

$$\leqslant\frac{\overline{b_j}+\underline{b_j}}{\underline{b_j}}\overline{\eta_j}+\max_{1\leqslant j\leqslant m}\left\{\frac{\overline{b_j}+\underline{b_j}}{\underline{b_j}}\overline{J_j}\right\}$$

$$\leqslant\frac{\overline{b_j}+\underline{b_j}}{\underline{b_j}}\overline{\eta_j}+L_2\leqslant r_0。\tag{5.9}$$

由式(5.6)～式(5.9)，有

$$\|\Phi(\varphi)\|_{\mathbb{R}}=\max_{1\leqslant i\leqslant n,1\leqslant j\leqslant m}\{\sup_{t\in\mathbb{T}}|x_{\varphi i}(t)|,\sup_{t\in\mathbb{T}}|y_{\varphi n+j}(t)|,$$
$$\sup_{t\in\mathbb{T}}|x_{\varphi i}^{\Delta}(t)|,\sup_{t\in\mathbb{T}}|y_{\varphi n+j}^{\Delta}(t)|\}\leqslant r_0.$$

因此，$\Phi(E)\subset E$。任取 $\varphi,\psi\in E$，由条件(H_2)与条件(H_4)，可得

$$\sup_{t\in\mathbb{T}}|x_{\varphi i}(t)-x_{\psi i}(t)|$$

$$=\sup_{t\in\mathbb{T}}\{|\int_{-\infty}^{t}e_{-a_i}(t,\sigma(s))(a_i(s)\int_{s-\alpha i(s)}^{s}[\varphi_i^{\Delta}(u)-\psi_i^{\Delta}(u)]\Delta u$$

$$+\sum_{j=1}^{m}p_{ji}(s)[f_j(\varphi_{n+j}(s-\gamma_{ji}(s)))-f_j(\psi_{n+j}(s-\gamma_{ji}(s)))]$$

$$+\sum_{j=1}^{m}r_{ji}(s)[h_j(\varphi_{n+j}^{\Delta}(s-\phi_{ji}(s)))-h_j(\psi_{n+j}^{\Delta}(s-\phi_{ji}(s)))])\Delta s|\}$$

$$\leqslant\sup_{t\in\mathbb{T}}\{|\int_{-\infty}^{t}e_{-a_i}(t,\sigma(s))(a_i(s)\int_{s-\alpha i(s)}^{s}(\varphi_i-\psi_i)^{\Delta}(u)\Delta u$$

$$+\sum_{j=1}^{m}p_{ji}(s)L_{f_j}|\varphi_{n+j}(s-\gamma_{ji}(s))-\psi_{n+j}(s-\gamma_{ji}(s))|$$

$$+\sum_{j=1}^{m}r_{ji}(s)L_{h_j}|\varphi_{n+j}^{\Delta}(s-\phi_{ji}(s))-\psi_{n+j}^{\Delta}(s-\phi_{ji}(s))|)\Delta s|\}$$

$$\leqslant \sup_{t\in\mathbb{T}}\{|\int_{-\infty}^{t} e_{-\underline{a_i}}(t,\sigma(s))(\overline{a_i}\,\overline{\alpha_i}+\sum_{j=1}^{m}\overline{p_{ji}}L_{f_j}+\sum_{j=1}^{m}\overline{r_{ji}}L_{h_j})\Delta s|\}\|\varphi-\psi\|_{\aleph}$$

$$\leqslant \frac{\Pi_i}{\underline{a_i}}\|\varphi-\psi\|_{\mathbb{R}} \leqslant \frac{\overline{a_i}+\underline{a_i}}{\underline{a_i}}\Pi_i\|\varphi-\psi\|_{\aleph}<\|\varphi-\psi\|_{\aleph}, \tag{5.10}$$

$$\sup_{t\in\mathbb{T}}|y_{\varphi n+j}(t)-y_{\psi n+j}(t)|$$

$$=\sup_{t\in\mathbb{T}}\{|\int_{-\infty}^{t} e_{-b_j}(t,\sigma(s))(b_j(s)\int_{s-\beta j(s)}^{s}[\varphi_{n+j}^{\Delta}(u)-\psi_{n+j}^{\Delta}(u)]\Delta u$$

$$+\sum_{i=1}^{n}q_{ij}(s)[g_i(\varphi_i(s-\rho_{ij}(s)))-g_i(\psi_i(s-\rho_{ij}(s)))]$$

$$+\sum_{i=1}^{n}\vartheta_{ij}(s)[k_i(\varphi_i^{\Delta}(s-\varepsilon_{ij}(s)))-k_i(\psi_i^{\Delta}(s-\varepsilon_{ij}(s)))])\Delta s|\}$$

$$\leqslant \sup_{t\in\mathbb{T}}\{|\int_{-\infty}^{t} e_{-b_j}(t,\sigma(s))(b_j(s)\int_{s-\beta j(s)}^{s}(\varphi_{n+j}-\psi_{n+j})^{\Delta}(u)\Delta u$$

$$+\sum_{i=1}^{n}q_{ij}(s)L_{g_i}|\varphi_i(s-\rho_{ij}(s))-\psi_i(s-\rho_{ij}(s))|$$

$$+\sum_{i=1}^{n}\vartheta_{ij}(s)L_{k_i}|\varphi_i^{\Delta}(s-\varepsilon_{ij}(s))-\psi_i^{\Delta}(s-\varepsilon_{ij}(s))|)\Delta s|\}$$

$$\leqslant \sup_{t\in\mathbb{T}}\{|\int_{-\infty}^{t} e_{-\underline{b_j}}(t,\sigma(s))(\overline{b_j}\,\overline{\beta_j}+\sum_{i=1}^{n}\overline{q_{ij}}L_{g_i}+\sum_{i=1}^{n}\overline{\vartheta_{ij}}L_{k_i})\Delta s|\}\|\varphi-\psi\|_{\aleph}$$

$$\leqslant \frac{\overline{\Pi_j}}{\underline{b_j}}\|\varphi-\psi\|_{\mathbb{R}} \leqslant \frac{\overline{b_j}+\underline{b_j}}{\underline{b_j}}\overline{\Pi_j}\|\varphi-\psi\|_{\mathbb{R}}<\|\varphi-\psi\|_{\mathbb{R}}, \tag{5.11}$$

与

$$\sup_{t\in\mathbb{T}}|(x_{\varphi i}(t)-x_{\psi i}(t))^{\Delta}|$$

$$=\sup_{t\in\mathbb{T}}|x_{\varphi i}^{\Delta}(t)-x_{\psi i}^{\Delta}(t)|$$

$$\leqslant \sup_{t\in\mathbb{T}}\{a_i(t)\int_{t-\alpha i(t)}^{t}|\varphi_i^{\Delta}(s)-\psi_i^{\Delta}(s)|\Delta s$$

$$+\sum_{j=1}^{m}|p_{ji}(t)\|f_j(\varphi_{n+j}(t-\gamma_{ji}(t)))-f_j(\psi_{n+j}(t-\gamma_{ji}(t)))|$$

$$+\sum_{j=1}^{m}|r_{ji}(t)\|h_j(\varphi_{n+j}^{\Delta}(t-\varphi_{ji}(t)))-h_j(\psi_{n+j}^{\Delta}(t-\varphi_{ji}(t)))|$$

$$+\overline{a_i}[\int_{-\infty}^{t} e_{-\underline{a_i}}(t,\sigma(s))(a_i(s)\int_{s-\alpha i(s)}^{s}|\varphi_i^{\Delta}(u)-\psi_i^{\Delta}(u)|\Delta u$$

$$+\sum_{j=1}^{m}|p_{ji}(s)\|f_j(\varphi_{n+j}(s-\gamma_{ji}(s)))-f_j(\psi_{n+j}(s-\gamma_{ji}(s)))|$$

$$+\sum_{j=1}^{m}|r_{ji}(s)\|h_j(\varphi_{n+j}^{\Delta}(s-\varphi_{ji}(s)))-h_j(\psi_{n+j}^{\Delta}(s-\varphi_{ji}(s)))|)\Delta s]\}$$

$$\leqslant\sup_{t\in\mathbb{T}}\{\overline{a_i}\|\varphi-\psi\|_{\mathbb{R}}\overline{\alpha_i}+\sum_{j=1}^{m}|p_{ji}(t)|L_{f_j}|\varphi_{n+j}(t-\gamma_{ji}(t))-\psi_{n+j}(t-\gamma_{ji}(t))|$$

$$+\sum_{j=1}^{m}|r_{ji}(t)|L_{h_j}|\varphi_{n+j}^{\Delta}(t-\phi_{ji}(t))-\psi_{n+j}^{\Delta}(t-\phi_{ji}(t))|$$

$$+\overline{a_i}[\int_{-\infty}^{t}e_{-\underline{a_i}}(t,\sigma(s))(\overline{a_i}\|\varphi-\psi\|_{\aleph}\overline{\alpha_i}$$

$$+\sum_{j=1}^{m}|p_{ji}(s)|L_{f_j}|\varphi_{n+j}(s-\gamma_{ji}(s))-\psi_{n+j}(s-\gamma_{ji}(s))|$$

$$+\sum_{j=1}^{m}|r_{ji}(s)|L_{h_j}|\varphi_{n+j}^{\Delta}(s-\varphi_{ji}(s))-\psi_{n+j}^{\Delta}(s-\varphi_{ji}(s))|)\Delta s]\}$$

$$\leqslant(\overline{a_i}\,\overline{\alpha_i}+\sum_{j=1}^{m}\overline{p_{ji}}L_{f_j}+\sum_{j=1}^{m}\overline{r_{ji}}L_{h_j})\frac{\overline{a_i}+\underline{a_i}}{\underline{a_i}}\|\varphi-\psi\|_{\aleph}$$

$$\leqslant\Pi_i\frac{\overline{a_i}+a_i}{\underline{a_i}}\|\varphi-\psi\|_{\mathbb{R}}<\|\varphi-\psi\|_{\aleph},\tag{5.12}$$

$$\sup_{t\in\mathbb{T}}|(y_{\varphi n+j}(t)-y_{\psi n+j}(t))^{\Delta}|$$

$$=\sup_{t\in\mathbb{T}}|y_{\varphi n+j}^{\Delta}(t)-y_{\psi n+j}^{\Delta}(t)|$$

$$\leqslant\sup_{t\in\mathbb{T}}\{b_j(t)\int_{t-\beta_j(t)}^{t}|\varphi_{n+j}^{\Delta}(s)-\psi_{n+j}^{\Delta}(s)|\Delta s$$

$$+\sum_{i=1}^{n}|q_{ij}(t)\|g_i(\varphi_i(t-\rho_{ij}(t)))-g_i(\psi_i(t-\rho_{ij}(t)))|$$

$$+\sum_{i=1}^{n}|\vartheta_{ij}(t)\|k_i(\varphi_i^{\Delta}(t-\varepsilon_{ij}(t)))-k_i(\psi_i^{\Delta}(t-\varepsilon_{ij}(t)))|$$

$$+\overline{b_j}[\int_{-\infty}^{t}e_{-\underline{b_j}}(t,\sigma(s))(b_j(s)\int_{s-\beta_j(s)}^{s}|\varphi_{n+j}^{\Delta}(u)-\psi_{n+j}^{\Delta}(u)|\Delta u$$

$$+\sum_{i=1}^{n}|q_{ij}(s)\|g_i(\varphi_i(s-\rho_{ij}(s)))-g_i(\psi_i(s-\rho_{ij}(s)))|$$

$$+\sum_{i=1}^{n}|\vartheta_{ij}(s)\|k_i(\varphi_i^{\Delta}(s-\varepsilon_{ij}(s)))-k_i(\psi_i^{\Delta}(s-\varepsilon_{ij}(s)))|)\Delta s]\}$$

$$\leqslant\sup_{t\in\mathbb{T}}\{\overline{b_j}\|\varphi-\psi\|_{\mathbb{R}}\overline{\beta_j}+\sum_{i=1}^{n}|q_{ij}(t)|L_{g_i}|\varphi_i(t-\rho_{ij}(t))-\psi_i(t-\rho_{ij}(t))|$$

$$+\sum_{i=1}^{n}|\vartheta_{ij}(t)|L_{k_i}|\varphi_i^{\Delta}(t-\varepsilon_{ij}(t))-\psi_i^{\Delta}(t-\varepsilon_{ij}(t))|$$

$$+\overline{b_j}[\int_{-\infty}^{t}e_{-\underline{b_j}}(t,\sigma(s))(\overline{b_j}\|\varphi-\psi\|_{\aleph}\overline{\beta_j}$$

$$+\sum_{i=1}^{n}|q_{ij}(s)|L_{g_i}|\varphi_i(s-\rho_{ij}(s))-\psi_i(s-\rho_{ij}(s))|$$

$$\leqslant(\overline{b_j}\,\overline{\beta_j}+\sum_{i=1}^{n}\overline{q_{ij}}L_{g_i}+\sum_{i=1}^{n}\overline{\vartheta_{ij}}L_{k_i})\frac{\overline{b_j}+\underline{b_j}}{\underline{b_j}}\|\varphi-\psi\|_{\aleph}$$

$$\leqslant\overline{\Pi_j}\frac{\overline{b_j}+\underline{b_j}}{\underline{b_j}}\|\varphi-\psi\|_{\aleph}<\|\varphi-\psi\|_{\aleph},\tag{5.13}$$

类似的，由式(5.10)～式(5.13)，可得

$$\|\Phi(\varphi)-\Phi(\psi)\|_{\aleph}=\max_{1\leqslant i\leqslant n,1\leqslant j\leqslant m}\{\sup_{t\in\mathbb{T}}x_{\varphi i}(t)-x_{\psi i}(t)_1,$$
$$\sup_{t\in\mathbb{T}}y_{\varphi n+j}(t)-y_{\psi n+j}(t)_1\}<\|\varphi-\psi\|_{\aleph}.$$

上式表明，Φ 是一个从集合 E 到它自身的压缩映射。因为 E 是巴拿赫空间 $\mathbb{R}$ 的一个闭子集，所以，Φ 在 E 中存在唯一的不动点，即，系统(5.3)在

$$E=\{\varphi\in\aleph:\|\varphi\|_{\aleph}\leqslant r_0\}$$

中存在唯一的加权伪概自守解。

5.5 时标上神经网络的加权伪概自守解的全局指数稳定性

定义 5.4 称系统(5.3)满足如下初值条件

$$\varphi^*(t)=(\varphi_1^*(t),\varphi_2^*(t),\cdots,\varphi_n^*(t),\varphi_{n+1}^*(t),\cdots,\varphi_{n+m}^*(t))^{\mathrm{T}}$$

的加权伪概自守解

$$z^*(t)=(x_1^*(t),x_2^*(t),\cdots,x_n^*(t),y_1^*(t),\cdots,y_m^*(t))^{\mathrm{T}}$$

在时标上满足全局指数稳定性，是指存在正常数 λ，满足 $\ominus\lambda\in\Re^+$，以及存在常数 $M>1$，使得系统(5.3)的每一个以

$$\varphi(t)=(\varphi_1(t),\varphi_2(t),\cdots,\varphi_n(t),\varphi_{n+1}(t),\cdots,\varphi_{n+m}(t))^{\mathrm{T}}$$

为初值条件的解

$$z(t)=(x_1(t),x_2(t),\cdots,x_n(t),y_1(t),\cdots,y_m(t))^{\mathrm{T}}$$

满足

$$\|z(t)-z^*(t)\|_1\leqslant Me_{\ominus\lambda}(t,t_0)\|\psi\|_{\mathbb{R}},\ \forall t\in(0,+\infty)_{\mathbb{T}},$$

其中

$$\|\psi\|_{\aleph}=\max\{\sup_{t\in[-v,0]_{\mathrm{T}}}\max_{1\leqslant i\leqslant n+m}|\varphi_i(t)-\varphi_i^*(t)|,$$
$$\sup_{t\in[-v,0]_{\mathrm{T}}}\max_{1\leqslant i\leqslant n+m}|\varphi_i^{\Delta}(t)-(\varphi_i^*)^{\Delta}(t)|\},$$

而 $t_0=\max\{[-v,0]_{\mathrm{T}}\}$.

定理 5.3 假设条件 $(H_1)-(H_4)$ 成立，则，系统(5.3)存在唯一的加权伪概自守解，而且，满足时标上的全局指数稳定性。

证明：由定理 5.2，系统(5.3)存在唯一的加权伪概自守解

$$z^*(t)=(x_1^*(t),x_2^*(t),\cdots,x_n^*(t),y_1^*(t),\cdots,y_m^*(t))^{\mathrm{T}}$$

假设

$$z(t)=(x_1(t),x_2(t),\cdots,x_n(t),y_1(t),\cdots,y_m(t))^{\mathrm{T}}$$

是系统(5.3)的任意一个解．由系统(5.3)直接可得

$$\begin{aligned}
&u_i^{\Delta}(s)+a_i(s)u_i(s)\\
&=a_i(s)\int_{s-\alpha_i(s)}^{s}u_i^{\Delta}(\theta)\Delta\theta+\sum_{j=1}^{m}p_{ji}(s)[f_j(v_j(s-\gamma_{ji}(s))\\
&\quad+y_j^*(s-\gamma_{ji}(s)))-f_j(y_j^*(s-\gamma_{ji}(s)))]\\
&\quad+\sum_{j=1}^{m}r_{ji}(s)[h_j(v_j^{\Delta}(s-\varphi_{ji}(s))+(y_j^*)^{\Delta}(s-\varphi_{ji}(s)))\\
&\quad-h_j((y_j^*)^{\Delta}(s-\varphi_{ji}(s)))],
\end{aligned}\tag{5.14}$$

$$\begin{aligned}
&v_j^{\Delta}(s)+b_j(s)v_j(s)\\
&=b_j(s)\int_{s-\beta_j(s)}^{s}v_j^{\Delta}(\theta)\Delta\theta+\sum_{i=1}^{n}q_{ij}(s)[g_i(u_i(s-\rho_{ij}(s))\\
&\quad+x_i^*(s-\rho_{ij}(s)))-g_i(x_i^*(s-\rho_{ij}(s)))]\\
&\quad+\sum_{i=1}^{n}\vartheta_{ij}(s)[k_i(u_i^{\Delta}(s-\varepsilon_{ij}(s))+(x_i^*)^{\Delta}(s-\varepsilon_{ij}(s)))\\
&\quad-k_i((x_i^*)^{\Delta}(s-\varepsilon_{ij}(s)))],
\end{aligned}\tag{5.15}$$

其中，$u_i(s)=x_i(s)-x_i^*(s)$，$v_j(s)=y_j(s)-y_j^*(s)$．系统(5.14)的初值条件为

$$\psi_i(s)=\varphi_i(s)-x_i^*(s),\psi_i^{\Delta}(s)=\varphi_i^{\Delta}(s)-(x_i^*)^{\Delta}(s),$$
$$s\in[-v,0]_{\mathrm{T}},i=1,2,\cdots,n,$$

而系统(5.15)的初值条件为

$$\psi_{n+j}(s)=\varphi_{n+j}(s)-y_j^*(s),\psi_{n+j}^{\Delta}(s)=\varphi_{n+j}^{\Delta}(s)-(y_j^*)^{\Delta}(s),$$
$$s\in[-v,0]_{\mathrm{T}},j=1,2,\cdots,m.$$

定义函数 $H_i,\overline{H_j},T_i$，以及函数 $\overline{T_j}$，如下

$$H_i(\theta)=\underline{a_i}-\theta-\overline{a_i}\,\overline{\alpha_i}\exp(\theta(\alpha+\sup_{s\in\mathbb{T}}\mu(s)))-\sum_{j=1}^{n}\overline{p_{ji}}L_{f_j}\exp(\gamma+\sup_{s\in\mathbb{T}}\mu(s)))$$

$$-\sum_{j=1}^{m}\overline{r_{ji}}L_{h_j}\exp(\theta(\varphi+\sup_{s\in\mathbb{T}}\mu(s))),i=1,2\cdots,n,\theta\in[0,+\infty),$$

$$\overline{H_j}(\theta)=\underline{b_j}-\theta-\overline{b_j}\,\overline{\beta_j}\exp(\theta(\beta+\sup_{s\in\mathbb{T}}\mu(s)))-\sum_{i=1}^{n}\overline{q_{ij}}L_{g_i}\exp(\theta(\rho+\sup_{s\in\mathbb{T}}\mu(s)))$$

$$-\sum_{i=1}^{n}\overline{r_{ij}}L_{k_i}\exp(\theta(\varepsilon+\sup_{s\in\mathbb{T}}\mu(s))),j=1,2,\cdots,m,\theta\in[0,+\infty),$$

$$T_i(\theta)=\underline{a_i}-\theta-(\overline{a_i}\exp(\theta\sup_{s\in\mathbb{T}}\mu(s))+\overline{a_i}-\theta)[\overline{a_i}\,\overline{\alpha_i}\exp(\theta\alpha)$$

$$+\sum_{j=1}^{m}\overline{p_{ji}}L_{f_j}\exp(\theta\gamma)$$

$$+\sum_{j=1}^{m}\overline{r_{ji}}L_{h_j}\exp(\theta\varphi)],i=1,2,\cdots,n,\theta\in[0,+\infty),$$

$$\overline{T_j}(\theta)=\underline{b_j}-\theta-(\overline{b_j}\exp(\theta\sup_{s\in\mathbb{T}}\mu(s))+\overline{b_j}-\theta)(\overline{b_j}\,\overline{\beta_j}\exp(\theta\beta)$$

$$+\sum_{i=1}^{n}\overline{q_{ij}}L_{g_i}\exp(\theta\rho)$$

$$+\sum_{i=1}^{n}\overline{\vartheta_{ij}}L_{k_i}\exp(\theta\varepsilon)],j=1,2,\cdots,m,\theta\in[0,+\infty),$$

其中

$$\alpha=\max_{1\leqslant i\leqslant n}\overline{\alpha_i},\beta=\max_{1\leqslant i\leqslant n}\overline{\beta_j},\gamma=\max_{1\leqslant i\leqslant n,1\leqslant j\leqslant m}\overline{\gamma_{ji}},$$

$$\phi=\max_{1\leqslant i\leqslant n,1\leqslant j\leqslant m}\overline{\phi_{ji}},\rho=\max_{1\leqslant i\leqslant n,1\leqslant j\leqslant m}\overline{\rho_{ij}},$$

而 $\varepsilon=\max_{1\leqslant i\leqslant n,1\leqslant j\leqslant m}\overline{\varepsilon_{ij}}$. 由条件($H_4$),可得

$$H_i(0)=\underline{a_i}-\overline{a_i}\,\overline{\alpha_i}-\sum_{j=1}^{m}\overline{p_{ji}}L_{f_j}-\sum_{j=1}^{m}\overline{r_{ji}}L_{h_j}$$

$$=\underline{a_i}-\Pi_i>0,i=1,2,\cdots,n,$$

$$\overline{H_j}(0)=\underline{b_j}-\overline{b_j}\,\overline{\beta_j}-\sum_{i=1}^{n}\overline{q_{ij}}L_{g_i}-\sum_{i=1}^{n}\overline{\vartheta_{ij}}L_{k_i}$$

$$=\underline{b_j}-\overline{\Pi_j}>0,j=1,2,\cdots,m.$$

$$T_i(0)=\underline{a_i}-(\overline{a_i}+\underline{a_i})(\overline{a_i}\,\overline{\alpha_i}+\sum_{j=1}^{m}(\overline{p_{ji}}L_{f_j}+\overline{r_{ji}}L_{h_j}))$$

$$=\underline{a_i}-(\overline{a_i}+\underline{a_i})\Pi_i>0,i=1,2,\cdots,n,$$

$$\overline{T_j}(0)=\underline{b_j}-(\overline{b_j}+\underline{b_j})(\overline{b_j}\,\overline{\beta_j}+\sum_{i=1}^{n}(\overline{q_{ij}}L_{g_i}+\overline{\vartheta_{ij}}L_{k_i}))$$

$$=\underline{b_j}-(\overline{b_j}+\underline{b_j})\overline{\Pi_j}>0, j=1,2,\cdots,m.$$

因为函数 $H_i,\overline{H_j},T_i,\overline{T_j}$ 都在区间$[0,+\infty)$上连续，而且，当 $\theta\to+\infty$时，有 $H_i(\theta),\overline{H_j}(\theta),T_i(\theta),\overline{T_j}(\theta)\to-\infty$成立，所以，存在常数 θ_i，$\overline{\theta_j},\xi_i,\bar{\xi}_j>0$，使得

$$H_i(\theta_i)=\overline{H_j}(\overline{\theta_j})=T_i(\xi_i)=\overline{T_j}(\overline{\xi_j})=0,$$

而且，当 $\theta\in(0,\theta_i)$时，有 $H_i(\theta)>0$；当 $\theta\in(0,\overline{\theta_j})$时，有$\overline{H_j}(\theta)>0$；当 $\theta\in(0,\xi_i)$时，有 $T_i(\theta)>0$；当 $\theta\in(0,\overline{\xi_j})$时，有$\overline{T_j}(\theta)>0$. 令 $\kappa=\min\limits_{1\leqslant i\leqslant n,1\leqslant j\leqslant m}\{\theta_i,\overline{\theta_j},\xi_i,\overline{\xi_j}\}$，则

$$H_i(\kappa)\geqslant 0,\overline{H_j}(\kappa)\geqslant 0,T_i(\kappa)\geqslant 0,\overline{T_j}(\kappa)\geqslant 0,$$
$$i=1,2,\cdots,n,j=1,2,\cdots,m.$$

因此，可以选择一个正常数

$$0<\lambda<\min\left\{\kappa,\min_{1\leqslant i\leqslant n}\left\{\underline{a_i},\frac{\underline{a_i}}{\overline{a_i}+\underline{a_i}}\right\},\min_{1\leqslant j\leqslant m}\left\{\underline{b_j},\frac{\underline{b_j}}{\overline{b_j}+\underline{b_j}}\right\}\right\},$$

使得

$$H_i(\lambda)>0,\overline{H_j}(\lambda)>0,T_i(\lambda)>0,\overline{T_j}(\lambda)>0,$$
$$i=1,2,\cdots,n,j=1,2,\cdots,m.$$

即

$$\begin{aligned}&\frac{1}{\underline{a_i}-\lambda}\Big[\overline{a_i}\,\overline{\alpha_i}\exp(\lambda(\alpha+\sup_{s\in\mathbb{T}}\mu(s)))\\&+\sum_{j=1}^{m}\overline{p_{ji}}L_{fj}\exp(\lambda(\gamma+\sup_{s\in\mathbb{T}}\mu(s)))\\&+\sum_{j=1}^{m}\overline{r_{ji}}L_{hj}\exp(\lambda(\varphi+\sup_{s\in\mathbb{T}}\mu(s)))\Big]<1,i=1,2,\cdots,n,\end{aligned}\tag{5.16}$$

$$\begin{aligned}&\frac{1}{\underline{b_j}-\lambda}\Big[\overline{b_j}\,\overline{\beta_j}\exp(\lambda(\beta+\sup_{s\in\mathbb{T}}\mu(s)))\\&+\sum_{i=1}^{n}\overline{q_{ij}}L_{gi}\exp(\lambda(\rho+\sup_{s\in\mathbb{T}}\mu(s)))\\&+\sum_{i=1}^{n}\overline{r_{ij}}L_{ki}\exp(\lambda(\varepsilon+\sup_{s\in\mathbb{T}}\mu(s)))\Big]<1,j=1,2,\cdots,m,\end{aligned}\tag{5.17}$$

$$\left(\frac{\overline{a_i}\exp(\lambda\sup\limits_{s\in\mathbb{T}}\mu(s))}{\underline{a_i}-\lambda}+1\right)\Big[\overline{a_i}\,\overline{\alpha_i}\exp(\lambda\alpha)+\sum_{j=1}^{m}\overline{p_{ji}}L_{fj}\exp(\lambda\gamma)$$

$$+\sum_{j=1}^{m}\overline{r_{ji}}L_{h_j}\exp(\lambda\varphi)\Big]<1,i=1,2,\cdots,n, \tag{5.18}$$

$$\left(\frac{\overline{b_j}\exp(\lambda\sup\limits_{s\in\mathbb{T}}\mu(s))}{\underline{b_j}-\lambda}+1\right)\Big[\overline{b_j}\,\overline{\beta_j}\exp(\lambda\beta)+\sum_{i=1}^{n}\overline{q_{ij}}L_{g_i}\exp(\lambda\rho)$$

$$+\sum_{i=1}^{n}\overline{\vartheta_{ij}}L_{k_i}\exp(\lambda\varepsilon)\Big]<1,j=1,2,\cdots,m, \tag{5.19}$$

式(5.14)两边同时乘以 $e_{-a_i}(t_0,\sigma(s))$后，再从 t_0 积分到 t 后，得

$$\begin{aligned}u_i(t)=u_i(t_0)e_{-a_i}(t,t_0)+\int_{t_0}^{t}e_{-a_i}(t,\sigma(s))\Big(a_i(s)\int_{s-\alpha_i(s)}^{s}u_i^{\Delta}(\theta)\Delta\theta\\+\sum_{j=1}^{m}p_{ji}(s)[f_j(v_j(s-\gamma_{ji}(s))+y_j^*(s-\gamma_{ji}(s)))\\-f_j(y_j^*(s-\gamma_{ji}(s)))]\\+\sum_{j=1}^{m}r_{ji}(s)[h_j(v_j^{\Delta}(s-\phi_{ji}(s))+(y_j^*)^{\Delta}(s-\phi_{ji}(s)))\\-h_j((y_j^*)^{\Delta}(s-\phi_{ji}(s)))]\Big)\Delta s,i=1,2,\cdots,n,\end{aligned} \tag{5.20}$$

式(5.15)两边同时乘以 $e_{-b_j}(t_0,\sigma(s))$后，再从 t_0 积分到 t 后，得

$$\begin{aligned}v_j(t)=v_j(t_0)e_{-b_j}(t,t_0)+\int_{t_0}^{t}e_{-b_j}(t,\sigma(s))\Big(b_j(s)\int_{s-\beta_j(s)}^{s}v_j^{\Delta}(\theta)\Delta\theta\\+\sum_{i=1}^{n}q_{ij}(s)[g_i(u_i(s-\rho_{ij}(s))+x_i^*(s-\rho_{ij}(s)))\\-g_i(x_i^*(s-\rho_{ij}(s)))]\\+\sum_{i=1}^{n}\vartheta_{ij}(s)[k_i(u_i^{\Delta}(s-\varepsilon_{ij}(s))+(x_i^*)^{\Delta}(s-\varepsilon_{ij}(s)))\\-k_i((x_i^*)^{\Delta}(s-\varepsilon_{ij}(s)))]\Big)\Delta s,j=1,2,\cdots,m.\end{aligned} \tag{5.21}$$

令

$$M=\max_{1\leqslant i\leqslant n,1\leqslant j\leqslant m}\left\{\frac{\overline{a_i}}{\overline{a_i}\,\overline{\alpha_i}+\sum\limits_{j=1}^{m}\overline{p_{ji}}L_{f_j}+\sum\limits_{j=1}^{m}\overline{r_{ji}}L_{h_j}},\frac{\overline{b_j}}{\overline{b_j}\,\overline{\beta_j}+\sum\limits_{i=1}^{n}\overline{q_{ij}}L_{g_i}+\sum\limits_{i=1}^{n}\overline{\vartheta_{ij}}L_{k_i}}\right\}$$

由条件(H_4)，有 $M>1$。因此

$$\frac{1}{M}-\frac{\exp(\lambda\sup\limits_{s\in\mathbb{T}}\mu(s))}{\underline{a_i}-\lambda}\Big[\overline{a_i}\,\overline{\alpha_i}\exp(\lambda\alpha)+\sum_{j=1}^{m}\overline{p_{ji}}L_{f_j}\exp(\lambda\gamma)+\sum_{j=1}^{m}\overline{r_{ji}}L_{h_j}\exp(\lambda\varphi)\Big]\leqslant 0,$$

$$\frac{1}{M}-\frac{\exp(\lambda \sup_{s\in\mathbb{T}}\mu(s))}{\overline{b_j}-\lambda}\left[\overline{b_j}\,\overline{\beta_j}\exp(\lambda\beta)+\sum_{i=1}^{n}\overline{q_{ij}}L_{g_i}\exp(\lambda\rho)+\sum_{i=1}^{n}\overline{\vartheta_{ij}}L_{k_i}\exp(\lambda\varepsilon)\right]$$

$\leqslant 0.$

此时，容易看出

$$|u_i(t)|=|\psi_i(t)|\leqslant\|\psi\|_{\aleph}\leqslant M e_{\Theta\lambda}(t,t_0)\|\psi\|_{\aleph},$$
$$t\in[-v,0]_{\mathbb{T}},i=1,2,\cdots,n,$$
$$|u_i^{\Delta}(t)|=|\psi_i^{\Delta}(t)|\leqslant\|\psi\|_{\aleph}\leqslant M e_{\Theta\lambda}(t,t_0)\|\psi\|_{\aleph},$$
$$t\in[-v,0]_{\mathbb{T}},i=1,2,\cdots,n,$$
$$|v_j(t)|=|\psi_{n+j}(t)|\leqslant\|\psi\|_{\aleph}\leqslant M e_{\Theta\lambda}(t,t_0)\|\psi\|_{\aleph},$$
$$t\in[-v,0]_{\mathbb{T}},j=1,2,\cdots,m,$$
$$|v_j^{\Delta}(t)|=|\psi_{n+j}^{\Delta}(t)|\leqslant\|\psi\|_{\aleph}\leqslant M e_{\Theta\lambda}(t,t_0)\|\psi\|_{\aleph},$$
$$t\in[-v,0]_{\mathbb{T}},j=1,2,\cdots,m.$$

其中，$\lambda\in\Re^{+}$，即

$$\|z(t)-z^*(t)\|_1=\max_{1\leqslant i\leqslant n,1\leqslant j\leqslant m}\{|u_i(t)|,|u_i^{\Delta}(t)|,|v_j(t),|v_j^{\Delta}(t)|\}$$
$$\leqslant M e_{\Theta\lambda}(t,t_0)\|\psi\|_{\aleph},$$

其中，$t\in[-v,0]_{\mathbb{T}}$. 现断言

$$\|z(t)-z^*(t)\|_1\leqslant M e_{\Theta\lambda}(t,t_0)\|\psi\|_{\aleph},\forall t\in(0,+\infty)_{\mathbb{T}}.\tag{5.22}$$

如果式(5.22)不成立，则，存在某一点 $t_1\in(0,+\infty)_{\mathbb{T}}$，以及某一个正常数 $P>1$，存在自然数 $\zeta,\iota\in\{1,2,\cdots,n+m\}$，使得

$$\begin{aligned}\|z(t_1)-z^*(t_1)\|_1&=\max\{\|z(t_1)-z^*(t_1)\|,\|z^{\Delta}(t_1)-(z^*)^{\Delta}(t_1)\|\}\\&=\max\{|z_\zeta(t_1)-z_\zeta^*(t_1)|,|z_\iota^{\Delta}(t_1)-(z_\iota^*)(t_1)|\}\\&=pM e_{\Theta\lambda}(t_1,t_0)\|\psi\|_{\aleph},\end{aligned}\tag{5.23}$$

而

$$\|z(t)-z^*(t)\|_1=pM e_{\Theta\lambda}(t,t_0),\forall t\in[-v,t_1]_{\mathbb{T}}.\tag{5.24}$$

由式(5.20)～式(5.24)，以及条件$(H_1)-(H_4)$，可得

$$|u_i(t_1)|$$
$$\leqslant e_{-a_i}(t_1,t_0)\|\psi\|_{\aleph}+\int_{t_0}^{t_1}pM\|\psi\|_{\aleph}e_{-a_i}(t,\sigma(s))\Big(\overline{a_i}\int_{s-\alpha i(s)}^{s}e_{\Theta\lambda}(\theta,t_0)\Delta\theta$$
$$+\sum_{j=1}^{m}\overline{p_{ji}}L_{f_j}e_{\Theta\lambda}(s-\gamma_{ji}(s),t_0)+\sum_{j=1}^{m}\overline{r_{ji}}L_{h_j}e_{\Theta\lambda}(s-\phi_{ji}(s),t_0)\Big)\Delta s$$

$$\leqslant pMe_{\ominus\lambda}(t_1,t_0)\|\psi\|_{\aleph}\Big\{\frac{1}{pM}e_{-a_i}(t_1,t_0)e_{\ominus\lambda}(t_0,t_1)$$

$$+\int_{t0}^{t1}e_{-a1}(t_1,\sigma(s))e_{\lambda}(t_1,\sigma(s))(\overline{a_i}e_{\ominus\lambda}(s-\alpha,\sigma(s))\overline{\alpha_i}$$

$$+\sum_{j=1}^{m}\overline{p_{ji}}L_{f_j}e_{\ominus\lambda}(s-\gamma,\sigma(s))+\sum_{j=1}^{m}\overline{r_{ji}}L_{h_j}e_{\ominus\lambda}(s-\varphi,\sigma(s)))\Delta s\Big\}$$

$$<pMe_{\ominus\lambda}(t_1,t_0)\|\psi\|_{\aleph}\Big\{\frac{1}{M}e_{-a_i\oplus\lambda}(t_1,t_0)+(\overline{a_i}\,\overline{\alpha_i}\exp(\lambda(\alpha+\sup_{s\in\mathbb{T}}\mu(s)))$$

$$+\sum_{j=1}^{m}\overline{p_{ji}}L_{f_j}\exp(\lambda(\gamma+\sup_{s\in\mathbb{T}}\mu(s)))+\sum_{j=1}^{m}\overline{r_{ji}}L_{h_j}\exp(\lambda(\phi+\sup_{s\in\mathbb{T}}\mu(s))))$$

$$\times\int_{t_0}^{t_1}e_{-a_i\oplus\lambda}(t_1,\sigma(s))\Delta s\Big\}$$

$$\leqslant pMe_{\ominus\lambda}(t_1,t_0)\|\psi\|_{\aleph}\Big\{\frac{1}{M}e_{-a_i\oplus\lambda}(t_1,t_0)+(\overline{a_i}\,\overline{\alpha_i}\exp(\lambda(\alpha+\sup_{s\in\mathbb{T}}\mu(s)))$$

$$+\sum_{j=1}^{m}\overline{p_{ji}}L_{f_j}\exp(\lambda(\gamma+\sup_{s\in\mathbb{T}}\mu(s)))+\sum_{j=1}^{m}\overline{r_{ji}}L_{h_j}\exp(\lambda(\phi+\sup_{s\in\mathbb{T}}\mu(s))))$$

$$\times\frac{1-e_{-a_i\oplus\lambda}(t_1,t_0)}{\underline{a_i}-\lambda}\Big\}$$

$$\leqslant pMe_{\ominus\lambda}(t_1,t_0)\|\psi\|_{\aleph}\Big\{\Big[\frac{1}{M}-\frac{1}{\underline{a_i}-\lambda}(\overline{a_i}\,\overline{\alpha_i}\exp(\lambda(\alpha+\sup_{s\in\mathbb{T}}\mu(s)))$$

$$+\sum_{j=1}^{m}\overline{p_{ji}}L_{f_j}\exp(\lambda(\gamma+\sup_{s\in\mathbb{T}}\mu(s)))+\sum_{j=1}^{m}\overline{r_{ji}}L_{h_j}\exp(\lambda(\phi+\sup_{s\in\mathbb{T}}\mu(s))))\Big]$$

$$\times e_{-a_i\oplus\lambda}(t_1,t_0)$$

$$+\frac{1}{\underline{a_i}-\lambda}(\overline{a_i}\,\overline{\alpha_i}\exp(\lambda(\alpha+\sup_{s\in\mathbb{T}}\mu(s)))+\sum_{j=1}^{m}\overline{p_{ji}}L_{f_j}\exp(\lambda(\gamma+\sup_{s\in\mathbb{T}}\mu(s)))$$

$$+\sum_{j=1}^{m}\overline{r_{ji}}L_{h_j}\exp(\lambda(\phi+\sup_{s\in\mathbb{T}}\mu(s))))\Big\}<pMe_{\ominus\lambda}(t_1,t_0)\|\psi\|_{\aleph},\qquad(5.25)$$

同理可得

$$|v_j(t_1)|$$

$$\leqslant e_{-b_j}(t_1,t_0)\|\psi\|_{\aleph}+\int_{t0}^{t1}pM\|\psi\|_{\aleph}e_{-b_j}(t_1,\sigma(s))(\overline{b_j}\int_{s-\beta j(s)}^{s}e_{\ominus\lambda}(\theta,t_0)\Delta\theta$$

$$+\sum_{i=1}^{n}\overline{q_{ij}}L_{g_i}e_{\ominus\lambda}(s-\rho_{ij}(s),t_0)+\sum_{i=1}^{n}\overline{\vartheta_{ij}}L_{k_i}e_{\ominus\lambda}(s-\varepsilon_{ij}(s),t_0))\Delta s$$

$$\leqslant pMe_{\ominus\lambda}(t_1,t_0)\|\psi\|_{\aleph}\{\frac{1}{pM}e_{-b_j}(t_1,t_0)e_{\ominus\lambda}(t_0,t_1)$$

$$+\int_{t0}^{t1}e_{-b_j}(t_1,\sigma(s))e_{\lambda}(t_1,\sigma(s))(\overline{b_j}e_{\ominus\lambda}(s-\beta,\sigma(s))\overline{\beta_j}$$

$$
\begin{aligned}
&+\sum_{i=1}^{n}\overline{q_{ij}}L_{g_i}\,e_{\ominus\lambda}(s-\rho,\sigma(s))+\sum_{i=1}^{n}\overline{\vartheta_{ij}}L_{k_i}\,e_{\ominus\lambda}(s-\varepsilon,\sigma(s)))\Delta s\}\\
&<pMe_{\ominus\lambda}(t_1,t_0)\|\psi\|_{\aleph}\Big\{\frac{1}{M}e_{-b_j\oplus\lambda}(t_1,t_0)+(\overline{b_j}\,\overline{\beta_j}\exp(\lambda(\beta+\sup_{s\in\mathbb{T}}\mu(s)))\\
&+\sum_{i=1}^{n}\overline{q_{ij}}L_{g_i}\exp(\lambda(\rho+\sup_{s\in\mathbb{T}}\mu(s)))+\sum_{i=1}^{n}\overline{\vartheta_{ij}}L_{k_i}\exp(\lambda(\varepsilon+\sup_{s\in\mathbb{T}}\mu(s))))\\
&\times\int_{t_0}^{t_1}e_{-b_j\oplus\lambda}(t_1,\sigma(s))\Delta s\Big\}\\
&\leqslant pMe_{\ominus\lambda}(t_1,t_0)\|\psi\|_{\aleph}\Big\{\frac{1}{M}e_{-b_j\oplus\lambda}(t_1,t_0)+(\overline{b_j}\,\overline{\beta_j}\exp(\lambda(\beta+\sup_{s\in\mathbb{T}}\mu(s)))\\
&+\sum_{i=1}^{n}\overline{q_{ij}}L_{g_i}\exp(\lambda(\rho+\sup_{s\in\mathbb{T}}\mu(s)))+\sum_{i=1}^{n}\overline{\vartheta_{ij}}L_{k_i}\exp(\lambda(\varepsilon+\sup_{s\in\mathbb{T}}\mu(s))))\\
&\times\frac{1-e_{-b_j\oplus\lambda}(t_1,t_0)}{\overline{b_j}-\lambda}\Big\}\\
&\leqslant pMe_{\ominus\lambda}(t_1,t_0)\|\psi\|_{\aleph}\Big\{\Big[\frac{1}{M}-\frac{1}{\underline{b_j}-\lambda}(\overline{b_j}\,\overline{\beta_j}\exp(\lambda(\beta+\sup_{s\in\mathbb{T}}\mu(s)))\\
&+\sum_{i=1}^{n}\overline{q_{ij}}L_{g_i}\exp(\lambda(\rho+\sup_{s\in\mathbb{T}}\mu(s)))+\sum_{i=1}^{n}\overline{\vartheta_{ij}}L_{k_i}\exp(\lambda(\varepsilon+\sup_{s\in\mathbb{T}}\mu(s))))\Big]\\
&\times e_{-b_j\oplus\lambda}(t_1,t_0)\\
&+\frac{1}{\underline{b_j}-\lambda}(\overline{b_j}\,\overline{\beta_j}\exp(\lambda(\beta+\sup_{s\in\mathbb{T}}\mu(s)))+\sum_{i=1}^{n}\overline{q_{ij}}L_{g_i}\exp(\lambda(\rho+\sup_{s\in\mathbb{T}}\mu(s)))\\
&+\sum_{i=1}^{n}\overline{\vartheta_{ij}}L_{k_i}\exp(\lambda(\varepsilon+\sup_{s\in\mathbb{T}}\mu(s))))\Big\}<pMe_{\ominus\lambda}(t_1,t_0)\|\psi\|_{\aleph}. \qquad (5.26)
\end{aligned}
$$

直接对式(5.20)求导后,可得

$$
\begin{aligned}
u_i^{\Delta}(t)=&-a_i(t)u_i(t_0)e_{-a_i}(t,t_0)+\{a_i(t)\int_{t-\alpha_i(t)}^{t}u_i^{\Delta}(s)\Delta s\\
&+\sum_{j=1}^{m}p_{ji}(t)[f_j(v_j(t-\gamma_{ji}(t))+y_j^{*}(t-\gamma_{ji}(t)))\\
&-f_j(y_j^{*}(t-\gamma_{ji}(t)))\\
&+\sum_{j=1}^{m}r_{ji}(t)[h_j(v_j^{\Delta}(t-\varphi_{ji}(t))+(y_j^{*})^{\Delta}(t-\varphi_{ji}(t)))\\
&-h_j((y_j^{*})^{\Delta}(t-\varphi_{ji}(t)))]\}\\
&+\int_{t_0}^{t_1}-a_i(t)e_{-a_i}(t,\sigma(s))\{a_i(s)\int_{s-\alpha_i(s)}^{s}u_i^{\Delta}(\theta)\Delta\theta\\
&+\sum_{j=1}^{m}p_{ji}(s)[f_j(v_j(s-\gamma_{ji}(s))+y_j^{*}(s-\gamma_{ji}(s)))
\end{aligned}
$$

$$
\begin{aligned}
&-f_j(y_j^*(s-\gamma_{ji}(s)))] \\
&+\sum_{j=1}^{m} r_{ji}(s)[h_j(v_j^{\Delta}(s-\phi_{ji}(s))+(y_j^*)^{\Delta}(s-\phi_{ji}(s))) \\
&-h_j((y_j^*)^{\Delta}(s-\phi_{ji}(s)))]\}\Delta s。
\end{aligned}
\tag{5.27}
$$

类似的,直接对式(5.21)求导后,有

$$
\begin{aligned}
v_j^{\Delta}(t)=&-b_j(t)v_j(t_0)e_{-b_j}(t,t_0)+\{b_j(t)\int_{t-\beta_j(t)}^{t} v_j^{\Delta}(s)\Delta s \\
&+\sum_{i=1}^{n} q_{ij}(t)[g_i(u_i(t-\rho_{ij}(t))+x_i^*(t-\rho_{ij}(t))) \\
&-g_i(x_i^*(t-\rho_{ij}(t)))] \\
&+\sum_{i=1}^{n} \vartheta_{ij}(t)[k_i(u_i^{\Delta}(t-\varepsilon_{ij}(t))+(x_i^*)^{\Delta}(t-\varepsilon_{ij}(t))) \\
&-k_i((x_i^*)^{\Delta}(t-\varepsilon_{ij}(t)))]\} \\
&+\int_{t_0}^{t} -b_j(t)e_{-b_j}(t,\sigma(s))\{b_j(s)\int_{s-\beta_j(s)}^{s} v_j^{\Delta}(\theta)\Delta\theta \\
&+\sum_{i=1}^{n} q_{ij}(s)[g_i(u_i(s-\rho_{ij}(s))+x_i^*(s-\rho_{ij}(s))) \\
&-g_i(x_i^*(s-\rho_{ij}(s)))] \\
&+\sum_{i=1}^{n} \vartheta_{ij}(s)[k_i(u_i^{\Delta}(s-\varepsilon_{ij}(s))+(x_i^*)^{\Delta}(s-\varepsilon_{ij}(s))) \\
&-k_i((x_i^*)^{\Delta}(s-\varepsilon_{ij}(s)))]\}\Delta s。
\end{aligned}
\tag{5.28}
$$

因此,由式(5.23)~式(5.24)与式(5.27)~式(5.28),可得

$$
\begin{aligned}
&|u_i^{\Delta}(t_1)| \\
\leqslant\ & \overline{a_i}e_{-a_i}(t_1,t_0)\|\psi\|_{\aleph}+pM\|\psi\|_{\aleph}\{\overline{a_i}\int_{t_1-\alpha_i(t_1)}^{t_1} e_{\ominus\lambda}(\theta,t_0)\Delta\theta \\
&+\sum_{j=1}^{m}\overline{p_{ji}}L_{f_j}e_{\ominus\lambda}(t_1-\gamma_{ji}(t_1),t_0)+\sum_{j=1}^{m}\overline{r_{ji}}L_{h_j}e_{\ominus\lambda}(t_1-\varphi_{ji}(t_1),t_0)\} \\
&+\int_{t_0}^{t_1}\overline{a_i}pM\|\psi\|_{\aleph}e_{-a_i}(t_1,\sigma(s))[\overline{a_i}\int_{s-\alpha_i(s)}^{s} e_{\ominus\lambda}(\theta,t_0)\Delta\theta \\
&+\sum_{j=1}^{m}\overline{p_{ji}}L_{f_j}e_{\ominus\lambda}(s-\gamma_{ji}(s),t_0)+\sum_{j=1}^{m}\overline{r_{ji}}L_{h_j}e_{\ominus\lambda}(s-\varphi_{ji}(s),t_0)]\Delta s \\
\leqslant\ & pM\|\psi\|_{\aleph}e_{\ominus\lambda}(t_1,t_0)\Big\{\frac{1}{pM}\overline{a_i}e_{-a_i}(t_1,t_0)e_{\lambda}(t_1,t_0)+\overline{a_i}\,\overline{\alpha_i}e_{\ominus\lambda}(t_1-\alpha_i(t_1),t_1) \\
&+\sum_{j=1}^{m}\overline{p_{ji}}L_{f_j}e_{\ominus\lambda}(t_1-\gamma_{ji}(t_1),t_1)+\sum_{j=1}^{m}\overline{r_{ji}}L_{h_j}e_{\ominus\lambda}(t_1-\phi_{ji}(t_1),t_1)
\end{aligned}
$$

$$+\overline{a}_i\int_{t_0}^{t_1} e_{-a_i}(t_1,\sigma(s))e_\lambda(t_1,\sigma(s))[\overline{a}_i\,\overline{\alpha}_i e_{\ominus\lambda}(s-\alpha_i(s),\sigma(s))$$

$$+\sum_{j=1}^{m}\overline{p}_{ji}L_{f_j}e_{\ominus\lambda}(s-\gamma_{ji}(s),\sigma(s))+\sum_{j=1}^{m}\overline{r}_{ji}L_{h_j}e_{\ominus\lambda}(s-\phi_{ji}(s),\sigma(s))]\}$$

$$\leqslant pM\|\psi\|_{\aleph}e_{\ominus\lambda}(t_1,t_0)\Big\{\Big(\frac{1}{M}-\frac{\exp(\lambda\sup_{s\in\mathbb{T}}\mu(s))}{\underline{a}_i-\lambda}[\overline{a}_i\,\overline{\alpha}_i\exp(\lambda\alpha)$$

$$+\sum_{j=1}^{m}\overline{p}_{ji}L_{f_j}\exp(\lambda\gamma)+\sum_{j=1}^{m}\overline{r}_{ji}L_{h_j}\exp(\lambda\phi)]\Big)\overline{a}_i e_{-a_i\oplus\lambda}(t_1,t_0)$$

$$+\left(\frac{\overline{a}_i\exp(\lambda\sup_{s\in\mathbb{T}}\mu(s))}{\underline{a}_i-\lambda}+1\right)[\overline{a}_i\,\overline{\alpha}_i\exp(\lambda\alpha)+\sum_{j=1}^{m}\overline{p}_{ji}L_{f_j}\exp(\lambda\gamma)$$

$$+\sum_{j=1}^{m}\overline{r}_{ji}L_{h_j}\exp(\lambda\varphi)]\Big\}<pM\|\psi\|_{\aleph}e_{\ominus\lambda}(t_1,t_0),\tag{5.29}$$

同理,可得

$$|v_j^{\Delta}(t_1)|$$

$$\leqslant\overline{b}_j e_{-b_j}(t_1,t_0)\|\psi\|_{\aleph}+pM\|\psi\|_{\aleph}\{\overline{b}_j\int_{t_1-\beta_j(t_1)}^{t_1}e_{\ominus\lambda}(\theta,t_0)\Delta\theta$$

$$+\sum_{i=1}^{n}\overline{q}_{ij}L_{g_i}e_{\ominus\lambda}(t_1-\rho_{ij}(t_1),t_0)+\sum_{i=1}^{n}\overline{\vartheta}_{ij}L_{k_i}e_{\ominus\lambda}(t_1-\varepsilon_{ij}(t_1),t_0)\}$$

$$+\int_{t_0}^{t_1}\overline{b}_j pM\|\psi\|_{\aleph}e_{-b_j}(t_1,\sigma(s))[\overline{b}_j\int_{s-\beta_j(s)}^{s}e_{\ominus\lambda}(\theta,t_0)\Delta\theta$$

$$+\sum_{i=1}^{n}\overline{q}_{ij}L_{g_i}e_{\ominus\lambda}(s-\rho_{ij}(s),t_0)+\sum_{i=1}^{n}\overline{\vartheta}_{ij}L_{k_i}e_{\ominus\lambda}(s-\varepsilon_{ij}(s),t_0)]\Delta s$$

$$\leqslant pM\|\psi\|_{\aleph}e_{\ominus\lambda}(t_1,t_0)\Big\{\frac{1}{pM}\overline{b}_j e_{-b_j}(t_1,t_0)e_\lambda(t_1,t_0)+\overline{b}_j\,\overline{\beta}_j e_{\ominus\lambda}(t_1-\beta_j(t_1),t_1)$$

$$+\sum_{i=1}^{n}\overline{q}_{ij}L_{g_i}e_{\ominus\lambda}(t_1-\rho_{ij}(t_1),t_1)+\sum_{i=1}^{n}\overline{\vartheta}_{ij}L_{k_i}e_{\ominus\lambda}(t_1-\varepsilon_{ij}(t_1),t_1)$$

$$+\overline{b}_j\int_{t_0}^{t_1}e_{-b_j}(t_1,\sigma(s))e_\lambda(t_1,\sigma(s))[\overline{b}_j\,\overline{\beta}_j e_{\ominus\lambda}(s-\beta_{ij}(s),\sigma(s))$$

$$+\sum_{i=1}^{n}\overline{q}_{ij}L_{g_i}e_{\ominus\lambda}(s-\rho_{ij}(s),\sigma(s))+\sum_{i=1}^{n}\overline{\vartheta}_{ij}L_{k_i}e_{\ominus\lambda}(s-\varepsilon_{ij}(s),\sigma(s))]\}$$

$$\leqslant pM\|\psi\|_{\aleph}e_{\ominus\lambda}(t_1,t_0)\Big\{\Big(\frac{1}{M}-\frac{\exp(\lambda\sup_{s\in\mathbb{T}}\mu(s))}{\underline{b}_j-\lambda}[\overline{b}_j\,\overline{\beta}_j\exp(\lambda\beta)$$

$$+\sum_{i=1}^{n}\overline{q}_{ij}L_{g_i}\exp(\lambda\rho)+\sum_{i=1}^{n}\overline{\vartheta}_{ij}L_{k_i}\exp(\lambda\varepsilon)]\Big)\overline{b}_j e_{-b_j\oplus\lambda}(t_1,t_0)$$

$$+\left(\frac{\overline{b_j}\exp(\lambda\sup_{s\in\mathbb{T}}\mu(s))}{\underline{b_j}-\lambda}+1\right)[\overline{b_j}\,\overline{\beta_j}\exp(\lambda\beta)+\sum_{i=1}^{n}\overline{q_{ij}}L_{g_i}\exp(\lambda\rho)$$

$$+\sum_{i=1}^{n}\overline{\vartheta_{ij}}L_{k_i}\exp(\lambda\varepsilon)]\}<pM\|\psi\|_{\aleph}e_{\ominus\lambda}(t_1,t_0)。\tag{5.30}$$

由式(5.25)～式(5.26)与式(5.29)～式(5.30),可得

$$\max\{|z_k(t_1)-z_k^*(t_1)|,|z_k^{\Delta}(t_1)-(z_k^*)^{\Delta}(t_1)|\}<pM\|\psi\|_{\aleph}e_{\ominus\lambda}(t_1,t_0),$$
$$\forall k\in\{1,2,\cdots,n+m\}$$

即

$$\|z(t_1)-z^*(t_1)\|_1<pM\|\psi\|_{\aleph}e_{\ominus\lambda}(t_1,t_0),$$

上式与式(5.23)矛盾,所以式(5.22)成立。因此,系统(5.3)的加权伪概自守解满足时标上的全局指数稳定性,全局指数稳定性也同时说明加权伪概自守解是唯一的。

注 5.1 若在定理 5.2 与定理 5.3 中,当 $a_i(t),b_j(t),\alpha_i(t),\beta_j(t),p_{ji}(t),r_{ji}(t),q_{ij}(t),\vartheta_{ij}(t),\gamma_{ji}(t),\phi_{ji}(t),\rho_{ij}(t),\varepsilon_{ij}(t)$分别是概自守函数与伪概自守函数,而其余条件不变时,系统(5.3)分别存在唯一的概自守解与伪概自守解,而且,所得解函数还满足时标上的全局指数稳定性。

5.6 数值例子

考虑如下的神经网络

$$\begin{cases}x_i^{\Delta}(t)=-a_i(t)x_i(t-\alpha_i(t))+\sum_{j=1}^{2}p_{ji}(t)f_j(y_j(t-\gamma_{ji}(t)))\\ \qquad\qquad+\sum_{j=1}^{2}r_{ji}(t)h_j(y_j^{\Delta}(t-\varphi_{ji}(t)))+I_i(t),t\in\mathbb{T},i=1,2,\\ y_j^{\Delta}(t)=-b_j(t)y_j(t-\beta_j(t))+\sum_{i=1}^{2}q_{ij}(t)g_i(x_i(t-\rho_{ij}(t)))\\ \qquad\qquad+\sum_{i=1}^{2}\vartheta_{ij}(t)k_i(x_i^{\Delta}(t-\varepsilon_{ij}(t)))+J_j(t),t\in\mathbb{T},j=1,2\end{cases}\tag{5.31}$$

以及相应的权函数 $u=e^{-|t|}$. 以及

$$f_1(x)=\frac{\cos^6 x+7}{24},f_2(x)=\frac{\cos^3 x+3}{12},$$

$$g_1(x)=\frac{2-\sin^4 x}{16},g_2(x)=\frac{3-\sin^6 x}{24},$$

$$h_1(x)=\frac{\frac{20}{3}-\sin^5 x}{20},h_2(x)=\frac{\frac{17}{3}+\cos^5 x}{20},$$

$$k_1(x)=\frac{\frac{5}{2}+\cos^7 x}{28},k_2(x)=\frac{\frac{7}{2}-\sin^7 x}{28}.$$

例 5.1　$\mathbb{T}=\aleph,\mu(t)\equiv 0$：

$$a_1(t)=11+|\cos(\sqrt{2}t)|,a_2(t)=12-|\sin t|,$$

$$b_1(t)=9-|\cos t|,b_2(t)=8+\sin t^2,$$

$$\alpha_1(t)=\frac{1+\cos^2 t}{4608},\alpha_2(t)=\frac{2-|\sin t|}{4608},$$

$$\beta_1(t)=\frac{\frac{3}{2}+\frac{1}{2}|\cos t|}{1800},\beta_2(t)=\frac{\frac{5}{4}+\frac{3}{4}\sin^2 t}{1800},$$

$$I_1(t)=2J_1(t)=\frac{\cos t+\sqrt{3}\sin t}{8},$$

$$I_2(t)=4J_2(t)=\frac{\sin(\sqrt{2}t)+\cos(\sqrt{2}t)}{4},$$

$$p_{11}(t)=\frac{1}{7}|\cos t|,p_{12}(t)=\frac{1}{14}|\sin t|,$$

$$p_{21}(t)=\frac{1}{14}|\cos t|,p_{22}(t)=\frac{1}{28}|\sin t|,$$

$$q_{11}(t)=\frac{1}{16}|\sin t|,q_{12}(t)=\frac{1}{32}|\cos t|,$$

$$q_{21}(t)=\frac{1}{32}|\cos t|,q_{22}(t)=\frac{1}{64}|\sin t|,$$

$$r_{11}(t)=\frac{1}{64}\sin^8 t,r_{12}(t)=\frac{1}{56}\cos^4 t,$$

$$r_{21}(t)=\frac{1}{64}|\cos t|,r_{22}(t)=\frac{1}{112}|\sin t|,$$

$$\vartheta_{11}(t)=\frac{3}{128}\sin^2 t,\vartheta_{12}(t)=\frac{1}{256}\cos^4 t,$$

$$\vartheta_{21}(t)=\frac{1}{256}|\cos t|,\vartheta_{22}(t)=\frac{1}{512}|\sin t|.$$

取 $\gamma_{ji},\phi_{ji},\rho_{ij},\varepsilon_{ij}(i,j=1,2):\mathbb{R}\to\mathbb{R}$ 为任意的加权伪概自守函数，则，条件$(H_2)-(H_3)$成立。且 $L_{f_j}=L_{h_j}=L_{g_i}=L_{k_i}=\frac{1}{4}(i,j=1,2)$，则，条件$(H_1)$成立。若取 $r_0=1$，则

$$\max\left\{\frac{\overline{a_1}+\underline{a_1}}{\underline{a_1}}\eta_1,\frac{\overline{a_2}+\underline{a_2}}{\underline{a_2}}\eta_2,\frac{\overline{b_1}+\underline{b_1}}{\underline{b_1}}\eta_1,\frac{\overline{b_2}+\underline{b_2}}{\underline{b_2}}\eta_2\right\}+\max\{L_1,L_2\}$$

$$=\frac{23}{66}+\frac{23}{44}\approx 0.871<1=r_0,$$

而且

$$0<\Pi_1=\frac{85}{448}<\frac{11}{23}=\frac{\underline{a_1}}{\overline{a_1}+\underline{a_1}}<11=\underline{a_1},$$

$$0<\Pi_2=\frac{127}{1344}<\frac{11}{23}=\frac{\underline{a_2}}{\overline{a_2}+\underline{a_2}}<11=\underline{a_2},$$

$$0<\overline{\Pi_1}=\frac{1031}{25600}<\frac{8}{17}=\frac{\underline{b_1}}{\overline{b_1}+\underline{b_1}}<8=\underline{b_1},$$

$$0<\overline{\Pi_2}=\frac{1187}{51200}<\frac{8}{17}=\frac{\underline{b_2}}{\overline{b_2}+\underline{b_2}}<8=\underline{b_2},$$

即，当 $r_0=1$ 时，条件(H_4)成立。故，由定理 5.2 与定理 5.3，系统(5.31)在区域

$$E=\{\varphi\in\aleph:\|\varphi\|_{\aleph}\leqslant 1\}$$

中存在唯一的加权伪概自守解，而且，解函数还满足时标上的全局指数稳定性。

例 5.2 $\mathbb{T}=\mathbb{Z},\mu(t)\equiv 1$：

$$a_1(t)=0.9-0.1|\sin t|,a_2(t)=0.8+0.1\cos^2 t,$$
$$b_1(t)=0.6-0.1|\sin t|,b_2(t)=0.5+0.1\cos^4 t,$$

$$\alpha_1(t)=\frac{1+|\sin t|}{2592},\alpha_2(t)=\frac{\frac{1}{2}+\frac{3}{2}\sin^2 t}{2592},$$

$$\beta_1(t)=\frac{2-\sin^4 t}{2592},\beta_2(t)=\frac{\frac{3}{5}+\frac{7}{5}|\cos t|}{2592},$$

$$I_1(t)=J_1(t)=\frac{\sin t+\sqrt{3}\cos t}{16},I_2(t)=2J_2(t)=\frac{\sqrt{2}\sin t+\sqrt{2}\cos t}{32},$$

$$p_{11}(t)=\frac{5}{96}|\sin t|,p_{12}(t)=\frac{1}{32}\sin^2 t,$$

$$p_{21}(t)=\frac{1}{48}|\cos t|,p_{22}(t)=\frac{1}{24}\sin(\sqrt{2}t),$$

$$q_{11}(t)=\frac{1}{8}|\sin t|,q_{12}(t)=\frac{1}{24}\cos^2 t,$$

$$q_{21}(t)=\frac{1}{48}|\sin t|,q_{22}(t)=\frac{1}{16}|\cos t|,$$

$$r_{11}(t)=\frac{1}{96}|\cos(\sqrt{3}t)|,r_{12}(t)=\frac{1}{48}\sin^6 t,$$

$$r_{21}(t)=\frac{1}{48}|\sin t|,r_{22}(t)=\frac{1}{96}|\cos(\sqrt{2}t)|,$$

$$\vartheta_{11}(t)=\frac{1}{32}\cos^2 t,\vartheta_{12}(t)=\frac{1}{96}\sin^2 t,$$

$$\vartheta_{21}(t)=\frac{1}{24}\cos^4 t,\vartheta_{22}(t)=\frac{1}{192}|\cos t|。$$

取 $\gamma_{ji},\varphi_{ji},\rho_{ij},\varepsilon_{ij}(i,j=1,2):\mathbb{Z}\to\mathbb{Z}$为任意的加权伪概自守函数，则，条件$(H_2)-(H_3)$成立。且 $L_{f_j}=L_{h_j}=L_{g_i}=L_{k_i}=\frac{1}{4}(i,j=1,2)$，则，条件$(H_1)$成立。若取 $r_0=1$，则

$$\max\left\{\frac{\overline{a_1}+\underline{a_1}}{\underline{a_1}}\eta_1,\frac{\overline{a_2}+\underline{a_2}}{\underline{a_2}}\eta_2,\frac{\overline{b_1}+\underline{b_1}}{\underline{b_1}}\overline{\eta_1},\frac{\overline{b_2}+\underline{b_2}}{\underline{b_2}}\overline{\eta_2}\right\}+\max\{L_1,L_2\}$$

$$=\frac{9}{24}+\frac{11}{40}\approx 0.65<1=r_0,$$

而且

$$0<\Pi_1=\frac{77}{2880}<\frac{8}{17}=\frac{\underline{a_1}}{\overline{a_1}+\underline{a_1}}<0.8=\underline{a_1},$$

$$0<\Pi_2=\frac{77}{2880}<\frac{8}{17}=\frac{\underline{a_2}}{\overline{a_2}+\underline{a_2}}<0.8=\underline{a_2},$$

$$0<\overline{\Pi_1}=\frac{953}{17280}<\frac{5}{11}=\frac{\underline{b_1}}{\overline{b_1}+\underline{b_1}}<0.5=\underline{b_1},$$

$$0<\overline{\Pi_2}=\frac{1051}{34560}<\frac{5}{11}=\frac{\overline{b_2}}{\overline{b_2}+\underline{b_2}}<0.5=\underline{b_2},$$

即，当 $r_0=1$ 时，条件(H_4)成立。故，由定理 5.2 与定理 5.3，系统(5.31)在区域

$$E=\{\varphi\in\aleph:\|\varphi\|_{\aleph}\leqslant 1\}$$

中存在唯一的加权伪概自守解，而且，解函数还满足时标上的全局指数稳定性。

第 6 章　总结与展望

6.1 总　结

本书主要结果如下：

(1)借助概周期时标的相关性质，将加权伪概周期函数的概念推广到了时标上，并借助时标上的勒贝格控制收敛定理，得到了时标上一阶动力方程的加权伪概周期解的存在性定理，使得在时标上，利用不动点定理探讨各类神经网络的加权伪概周期解的存在性成为可能。

(2)通过详细探讨时标上三类概周期型函数(概周期函数、伪概周期函数、加权伪概周期函数)之间的关系，发现若时标上的神经网络，包括中立型神经网络，满足一定的条件，当外部输入函数分别具有概周期性、伪概周期性，以及加权伪概周期性时，神经网络分别存在唯一的概周期解、伪概周期解，以及加权伪概周期解，而且所得解函数还满足时标上的全局指数稳定性。

(3)首先，通过详细讨论时标上的概自守型函数与相应的概周期型函数之间的关系，得到了时标上一阶动力方程的加权伪概自守解存在性定理。其次，讨论了时标上三类概自守型函数(概自守函数、伪概自守函数、加权伪概自守函数)之间的关系。最后，利用不动点定理，以及微分不等式技巧，探讨了时标上神经网络的概自守型解的存在性与稳定性，发现若时标上的神经网络，包括中立型神经网络，满足一定的条件，当外部输入函数分别具有概自守性、伪概自守性，以及加权伪概自守性时，神经网络分别存在唯一的概自守解、伪概自守解，以及加权伪概自守解，而且所得解函数还满足时标上的全局指数稳定性。

6.2 展 望

虽然实值神经网络在自动控制、模式识别、图像处理、医疗卫生等领域得到广泛应用，但也有其局限性，无法直接处理复数数据，因此，作为实值神经网络的推广，复值神经网络应运而生，解决了一些实值神经网络不能解决的问题，再次掀起了神经网络研究热潮。

因在处理几何问题上的优势，以及实际应用价值，Clifford 值神经网络已广泛应用于自动化控制、计算机视觉、图像与信号传输过程等领域之中，获得了大量研究成果，成为又一个新的研究热点。

研究时标上 Clifford 值神经网络，一方面即能涵盖连续型神经网络的研究，还能涵盖离散型神经网络的研究；另一方面，还能将实值神经网络、复值神经网络，以及四元数值神经网络的研究有机地统一在一起。再考虑到，要想更精确地描述动力系统的动力学行为，其概周期型解的存在性与稳定性起到了至关重要的作用，因此，在时标上讨论 Clifford 值神经网络概周期型解的存在性与稳定性，即有理论意义，又有应用价值。而概自守型函数是相应的概周期型函数的推广，有更强的理论意义与更宽的应用范围，因此，也有必要在时标上探讨各类 Clifford 值神经网络的概自守型解的存在性与稳定性。也可以思考，当时标上的 Clifford 值神经网络满足一定的条件时，能否调控外部输入函数，使神经网络呈现出概周期(自守)性、伪概周期(自守)性、加权伪概周期(自守)性的变化规律。

参考文献

[1]吴梦,丁康,王旭辉．一种偏微分方程数值解的自适应神经网络模型[J]. 大学数学,2020,36(3):8-15.

[2] Li YK. Existence and stability of periodic solution for BAM neural networks with distributed delays[J]. Appl. Math. Comput, 2004, 159:847-862.

[3] Li YK. Global exponential stability of BAM neural networks with delays and impulses Chaos[J]. Solitons Fractals, 2005, 24:279-285.

[4]Li YK, Chen XR, Zhao L. Stability and existence of periodic solutions to delayed Cohen-Grossberg BAM neural networks with impulses on time scales[J]. Neurocomputing, 2009, 72:1621-1630.

[5] Zho H. Global stability of bidirectional associatives memory neural networks with distributed delays[J]. Phy Lett A, 2002, 297:182-190.

[6]Liang J, Cao J. Exponential stability of continuous and discrete-time bidirectional associatives memory neural networks[J]. Chaos, Solitons Fractals, 2004, 22:773-785.

[7]Wang Y, Lin P, Wang L. Exponential stability of reaction-diffusion high-order Markovian jump Hopfield neural networks with time-varying delays. Nonlinear Anal [J]. Real World Appl, 2012, 13:1353-1361.

[8]Liao XF, Yu JB. Qualitative analysis of bidirectional associative memory with time delays Int. J [J]. Circuit Theory Appl, 1998, 26:29-219.

[9]Zhang J, Gui Z. Existence and stability of periodic solutions of

high-order Hopfield neural networks with impulses and delays[J]. Comput.Appl.Math,2009,224:602-613.

[10]Li YK,Zhao L,Liu P.Existence and exponential stability of periodic solution of high-order Hopfield neural network with delays on time scales[J].Discrete Dynamics in Nature and Society,2009(2009):18.

[11]Li YK,Yang L,Wu WQ.Anti-periodic solutions for a class of Cohen-Grossberg neural networks with time-varying delays on time scales Internet[J].Systems Sci,2011,42:1127-1132.

[12]Wang Z D,Fang J A,Liu X H.Global stability of stochastic high-order neural networks with discrete and distributed delays[J]. Chaos,Solitons and Fractals:Applications in Science and Engineering: An Interdisciplinary Journal of Nonlinear Science,2008(2):36.

[13]Mohamad S.Exponential stability in Hopfield-type neural networks with impulses[J]. Chaos Solitons & Fractals, 2007, 32(2): 456-467.

[14]Xu B,Liu X,Liao X.Global asymptotic stability of high-order Hopfield type neural networks with time delays[J]. Comput. Math. Appl,2003,45:1729-1737.

[15]Li YK,Yang L,Wu WQ.Anti-periodic solution for impulsive BAM neural networks with time-varying leakage delays on time scales [J].Neurocomputing,2015,149(B):536-545.

[16] Li YK, Zhang TW. Global exponential stability of fuzzy interval delayed neural networks with impulses on time scales[J].International Journal of Neural Systems,2009,19(6):449-456.

[17]Park JH,Kwon OM,Lee SM.LMI optimization approach on stability for delayed neural networks of neutral-type[J]. Appl. Math. Comput,2008,196:236-244.

[18] Lee SM, Kwon OM, Park JH. A novel delay-dependent criterion for delayed neural networks of neutral type[J].Phys.Lett A, 2010,374:1843-1848.

[19]Li Y,Zhao L,Chen X.Existence of periodic solutions for neutral type cellular neural networks with delays[J].Applied Mathematical

Modelling,2012,36(3):1173-1183.

[20]Bohner M, Peterson A. Dynamic Equations on Time Scales [M].In An Introducation with Applications.Birkh? user:Boston,2001.

[21]Bohner M, Peterson A. Advances in Dynamic Equations on Time Scales[M].Birkh? user:Boston,2003.

[22]Cabada A, Vivero DR.Expression of the Lebesgue Δ-integral on time scales as a usual Lebesgue integral;application to the calculus of Δ-antiderivatives[J]. Mathematical and Computer Modeling, 2006, 43:194-207.

[23]Li YK, Wang C.Uniformly almost periodic functions and almost periodic solutions to dynamic equations on time scales[J]. Abstract and Applied Analysis,2011(2011):22.

[24]Li YK, Wang C.Almost periodic functions on time scales and applications[J].Discrete Dynamics in Nature and Society,2011(2011):20.

[25] Lizama C, Mesquita JG, Ponce R. A connection between almost periodic functions defined on timescales and R[J]. Application Analysis,2014,93:2547-2558.

[26]Li YK, Wang C,Pseudo almost periodic functions and pseudo almost periodic solutions to dynamic equations on time scales[J]. Advance Differential Equation,2012(2012):77.

[27]Ji D, Zhang C. Translation invariance of weighted pseudo-almost periodic functions and related problems[J]. Journal of Mathematical Analysis and Applications,2012,39(2):350-362.

[28]Tu ZW, Jian JG, Wang K. Global exponential stability in Lagrange sense for recurrent neural networks with both time-varying delays and general activation functions via LMI approach[J]. Nonlinear Analysis:Real World Applications,2011,12(4):2174-2182.

[29]Zhou QH, Wan L. Exponential stability of stochastic delayed Hopfield neural networks[J]. Applied Mathematics and Computation, 2008,199(1):84-89.

[30]Yu JJ, Zhang KJ, Fei SM. Exponential stability criteria for discrete-time recurrent neural networks with time-varying delay[J]. Non-

linear Analysis:Real World Applications,2010,11(1):207-216.

[31]Liu L,Sheng Y.The asymptotic stability and exponential stability of nonlinear stochastic differential systems with Markovian switching and with polynomial growth[J].Journal of Mathematical Analysis and Applications,2012,391(1):323-334.

[32]Li T,Luo Q,Sun CY,Zhang BY.Exponential stability of recurrent neural networks with time-varying discrete and distributed delays[J]. Nonlinear Analysis: Real World Applications, 2009, 10(4): 2581-2589.

[33]Hou ZT,Bao ZT,Yuan CG. Exponential stability of energy solutions to stochastic partial differential equations with variable delays and jumps[J]. Journal of Mathematical Analysis and Applications, 2010,366(1):44-54.

[34]Liao XX,Luo Q,Zeng ZG,Guo YX.Global exponential stability in Lagrange sense for recurrent neural networks with time delays[J].Nonlinear Analysis:Real World Applications,2008,9(4):1535-1557.

[35]Peng GQ,Huang LH.Exponential stability of hybrid stochastic recurrent neural networks with time-varying delays[J].Nonlinear Analysis:Hybrid Systems,2008,2(4):1198-1204.

[36]Wu SL, Li KL, Huang TZ. Global exponential stability of static neural networks with delay and impulses:Discrete-time case[J]. Communications in Nonlinear Science and Numerical Simulation,2012, 17(10):3947-3960.

[37]Li JX,Zhang FQ,Yan JR.Global exponential stability of nonautonomous neural networks with time-varying delays and reaction-diffusion terms[J].Journal of Computational and Applied Mathematics, 2009,233(2):241-247.

[38]Wang YJ,Yang CL,Zuo ZQ.On exponential stability analysis for neural networks with time-varying delays and general activation functions[J].Communications in Nonlinear Science and Numerical Simulation,2012,17(3):1447-1459.

[39]Zhu QX,Li XD,Yang XS.Exponential stability for stochastic

reaction-diffusion BAM neural networks with time-varying and distributed delays[J].Applied Mathematics and Computation,2011,217(13):6078-6091.

[40]Zhou QH.Global exponential stability of BAM neural networks with distributed delays and impulses[J].Nonlinear Analysis:Real World Applications,2009,10(1):144-153.

[41]Luo JW.Exponential stability for stochastic neutral partial functional differential equations Journal of Mathematical[J].Analysis and Applications,2009,355(1):414-425.

[42]Zhao W.Global exponential stability analysis of Cohen-Grossberg neural network with delays[J].Communications in Nonlinear Science & Numerical Simulation,2008,13(5):847-856.

[43]Qiu J,Cao J.Delay-dependent exponential stability for a class of neural networks with time delays and reaction-diffusion terms[J].Journal of the Franklin Institute,2009,346(4):301-314.

[44]Yang DG.,Liao XF,Hu CY,Wang Y.New delay-dependent exponential stability criteria of BAM neural networks with time delays[J].Mathematics and Computers in simulation,2009,79(5):1679-1697.

[45]Chen WH,Chen F,Lu XM.Exponential stability of a class of singularly perturbed stochastic time-delay systems with impulses effect[J].Nonlinear Analysis:Real World Applications,2010,11(5):3463-3478.

[46]Jiang W,Cui MG,Lin YZ.Anti-periodic solutions for Rayleigh-type equations via the reproducing kernel Hilbert Space method Communications in Nonlinear[J].Science and Numerical Simulation,2010,15(7):1754-1758.

[47]Liu WB,Zhang JJ,Chen TY.Anti-symmetric periodic solutions for the third order differential systems[J].Applied Mathematics Letters,2009,22(5):668-673.

[48]Chen YQ.Anti-periodic solutions for semilinear evolution equations Journal of Mathematics[J].Analysis and Applications,2006,315(1):337-348.

[49]Wang WB,Sheng JH.Existence of solutions for anti-periodic boundary value problems[J].Nonlinear Analysis: Theory,method and Applications,2009,70(2):598-605.

[50]Liu BW.Anti-periodic solutions for forced Rayleigh-type equations[J]. Nonlinear Analysis: Real World Applications, 2009, 10(5): 2850-2855.

[51]Fan QY,Wang WT,Yi XJ.Anti-periodic solutions for a class of nonlinear nth-order differential equations with delays[J].Journal of Computational and Applied Mathematics,2009,230(2):762-769.

[52]Shi PL,Dong LZ.Existence and exponential stability of anti-periodic solutions of Hopfield neural networks with impulses[J]. Applied Mathematics and Computation,2010,216(2):623-630.

[53]Pan LJ,Cao JD. Anti-periodic solution for delayed cellular neural networks with impulsive effects[J]. Nonlinear Analysis: Real World Applications,2011,12(6):3014-3027.

[54]阮炯,顾凡及,蔡志杰．神经动力学模型方法和应用[M]. 北京:科学出版社,2002.

[55]Wu B,Liu Y,Lu J Q.New results on global exponential stability for impulsive cellular neural networks with any bounded time-varying delays[J].Mathematical and Computer Modelling,2012,55(3-4): 837-843.

[56]Wang L N,Lin Y P.Global exponential stability for shunting inhibitory CNNs with delays[J].Applied Mathematics and Computation, 2009,214(1):297-303.

[57]Long S J,Xu D Y.Global exponential stability of non-autonomous cellular neural networks with impulses and time-varying delays. Communications in Nonlinear[J].Science and Numerical Simulation, 2013,18(60):1463-1472.

[58]Li Y K,Zhu L F,Liu P.Existence and stability of periodic solutions of delayed cellular neural networks[J].Nonlinear Analysis:Real World Applications,2006,7:225-234.

[59]Wang C,Li Y K.Weighted pseudo almost automorphic func-

tions with applications to abstract dynamic equations on time scales [J].Annales Poconici Mathematics,2013,108:225-240.

[60]Li Y K,Yang L.Almost automorphic solution for neutral type high-order Hopfield neural networks with delays in leakage terms on time scales [J]. Applied Mathematics and Computation, 2014, 242: 679-693.

[61]C Lizama,J G Mesquita.Almost automorphic solution of dynamic equations on time scales[J].Funct.Anal,2013,2165:2267-2311.